LA CONQUÊTE DE L'ESPACE

ÉTUDE SUR LA POSSIBILITÉ DES COMMUNICATIONS AVEC LES DIFFÉRENTES PLANÈTES DU SYSTÈME SOLAIRE

PAR

VICTOR COISSAC

1916

LA CONQUÊTE DE L'ESPACE

TABLE DES MATIÈRES

AVANT-PROPOS

Victor Coissac (1867-1941) serait-il le Tsiolkovsky français ? Personne n'ira jusque là car si le savant russe considéré comme le père de l'astronautique a consacré toute son oeuvre aux engins volants, dirigeables, ballons, fusées, vaisseaux spatiaux, et aux calculs pour les faire fonctionner, son contemporain, lui, s'est intéressé à beaucoup d'autres sujets (Sous les peudonymes de Marcel Illidé et Ambroise Fournier). La science apparaît cependant omniprésente dans son oeuvre. D'ailleurs aurait-il pu avoir connaissance d'écrits de Tsiolkovsky ? On peut se poser la question, sans y répondre sachant que la traduction française des oeuvres du dernier nommé reste encore à faire dans sa quasi-intégralité, tout en remarquant que sur bien des points, les deux hommes se trouvent en accord.

Ceci dit, se fier à Coissac pour aller sur la Lune eût été périlleux en 1916. La technique des engins lanceurs et spatiaux ne le permettait alors pas. En matière spatiale, le monde en était aux balbutiements. L'aviation même sortait de l'oeuf. Mais on peut affirmer que son livre *La Conquête de l'Espace* a ouvert les esprits intéressés de près ou de loin aux voyages interplanétaires alors que l'époque en était plutôt à les considérer comme utopiques.

Victor Coissac a beaucoup lu les auteurs scientifiques, y compris Einstein, mais reste sur des positions, il faut le signaler, classiques (*Les Erreurs de la Science Contemporaine*. — 1914).

Quoi qu'il en soit, La Conquête de l'Espace reste un témoignage de vulgarisation en avance sur son temps. L'oeuvre dépasse celle de Jules Verne et côtoie celle de Camille Flammarion, auteurs qu'il cite souvent.

L'ouvrage présenté ici a connu une autre édition en 1928. Nous avons préféré celle de 1916 qui présente les caractères originaux de l'auteur, pionnier en la matière. Les images ont été réalisées fidèlement d'après les dessins de Coissac, et le texte corrigé de ses erreurs d'impression.

Nielrow

LA CONQUÊTE DE L'ESPACE

ÉTUDE SUR LA POSSIBILITÉ
DES COMMUNICATIONS
AVEC LES DIFFÉRENTES PLANÈTES
DU SYSTÈME SOLAIRE

PRÉAMBULE

Grâce à la science, l'homme a à peu près conquis la surface de la Terre ; il ne craint plus aujourd'hui de traverser les plus larges mers ; déjà ses sous-marins en sondent les profondeurs, et le moment n'est pas éloigné où il fera la loi dans les abîmes de l'Océan. Par les ballons dirigeables, les aéroplanes et, dans quelques années sans doute, d'autres types d'appareils aviateurs, l'atmosphère à son tour deviendra son domaine. D'ici peu, donc, l'homme sera littéralement le maître de la Terre. C'est alors qu'il songera sérieusement à faire, autrement que par l'œil du télescope, la conquête des Terres du Ciel. Il y a déjà longtemps qu'il l'a rêve. J'en vois la preuve dans le succès qui a toujours couronné les fictions dans lesquelles des voyages interplanétaires sont supposés et décrits avec une minutieuse exactitude. Tous, nous avons suivi ces fictions avec le plus grand intérêt. Tous, nous serions bien aises que ces voyages, au lieu d'être simplement imaginaires, aient réellement eu lieu.

La conquête de l'espace paraît encore une chimère, comme ont paru chimères, à diverses époques, celles de la mer et de l'atmosphère. Le moment approche, je crois, ou quelque nouveau Colomb la fera rentrer dans le domaine des faits. Puissent ces lignes lui venir en aide ! Je me propose de le montrer, il y a peut-être, dès maintenant, moins de difficultés pour les hommes à s'élancer dans l'espace et à s'y diriger convenablement, qu'il n'y en a eu pour réaliser des appareils pratiques d'aérostation et d'aviation, qu'il n'y en a eu pour atteindre les pôles de notre globe, qui ont dévoré tant de vies et que si peu de pieds humains ont jusqu'ici pu fouler.

Nos connaissances scientifiques me paraissent dès à présent assez avancées pour nous permettre de trouver des moyens de communication *pratiques*, sinon avec les autres systèmes stellaires, au moins avec la plupart des planètes, satellites et comètes de notre système. A vrai dire, le problème n'est difficile qu'en apparence. A première vue, on ne voit guère la possibilité de réaliser les vitesses considérables, d'ordre planétaire, nécessaires pour parcourir dans un temps raisonnable de telles distances. On ne voit guère non plus la possibilité d'un retour. L'abordage d'une planète à l'aller, de la Terre au retour, ne se présentent à notre imagination horrifiée que sous la forme de chutes épouvantables se terminant inévitablement par la mort des voyageurs qui auraient osé les risquer. Et cependant ces diverses possibilités existent, et ne demandent, en somme, que des sacrifices d'argent beaucoup moindres que ceux qui ont été consentis pour la découverte des pôles terrestres. Et encore cette dernière découverte n'a pas coûté seulement de l'argent, elle a pris aussi de nombreuses vies humaines, précieuses à la science. La Conquête de l'Espace est beaucoup plus sûre, et en exigera certainement beaucoup moins. Que des voyages interplanétaires présentent des dangers, je suis loin d'en disconvenir. Mais, on le verra, ces dangers ne dépassent guère ceux que, normalement l'homme affronte tous les jours. Traverser une rue, longer une rivière, monter en avion, manœuvrer une machine, tirer le canon, fabriquer ou manier des explosifs, entrer dans une maison en feu, tous ces actes sont très dangereux et cependant nombreux sont les hommes qui n'y font pas même attention ; et les accidents amenés par ces actes sont en somme assez rares. La Conquête de l'Espace n'est pas moins sûre, et les dangers qu'elle présente sont des plus réduits et peuvent être tous parés avec un peu d'attention. Quant au prix de revient, il ne dépasserait guère ce que demanderait le chemin de fer pour des distances égales.

CHAPITRE I

CONDITIONS GENERALES A REMPLIR

SOMMAIRE. — 1° Logement protégé contre la chaleur et le froid. — Ce que sont les froids de l'espace. Ils sont très variables. — Détermination de leur température à l'ombre et au soleil dans les différentes régions du système solaire. — Moyens de protection contre les trop grands froids et les trop grandes chaleurs. — 2° La question de l'air pur. — 3° L'eau, les vivres, la chaleur et la lumière artificielles, la force motrice. — Poids minimum du véhicule. — Principe de la *direction*. — Condition nécessaire : il faut rencontrer la Terre au retour. — Voyage d'*observation* et voyage d'*exploration*. — Durée des voyages.

Que faut-il, en somme, pour exécuter de tels voyages ?

Il faut, premièrement, assurer aux voyageurs un logement confortable, étant donné qu'ils resteront en route non pas, en général, des jours, mais des moins et même des années. Il faut par conséquent que ce logement soit bien garanti, d'une part, contre les froids de l'espace ; d'autre part, contre les ardeurs torrides du Soleil pour le cas où, allant vers Vénus ou Mercure, il passerait à proximité de ce foyer brûlant. Il faut ensuite un moyen de locomotion rapide, et des moyens pratiques d'abordage des planètes.

La première question qui se pose est celle de la température de l'espace. Cette température a été évaluée par certains à — 60° centigrades ; par d'autres, à — 170° centigrades. En présence de chiffres aussi variés, je me permets de considérer ce problème comme non résolu et je vais essayer de le résoudre.

Tout d'abord qu'entend-on par espace ? Rien. L'espace ne peut donc avoir proprement de température. On sait que les gaz se contractent, à 0°, de 1/273ème de leur volume par degré de température. Étant admis par définition que le degré est caractérisé, quelle que soit la température, par une égale dilatation ou une égale contraction, il en résulte qu'à — 273° un gaz, à supposer qu'il reste gaz, n'aura plus de volume du tout et se trouvera ainsi à la plus basse température possible. En réalité tous les gaz se liquéfient et se solidifient à des températures supérieures, et alors leur coefficient de dilatation diminue considérablement, de sorte qu'à — 273° les corps doivent conserver encore un volume très appréciable ; et cela se comprend d'ailleurs, puisque, dès que les molécules se touchent, le corps n'est plus compressible, il ne peut plus se contracter. Mais cela n'empêche pas qu'à cette température — qui n'a jamais pu être réalisée, d'ailleurs, et qu'on ne réalisera sans doute jamais — il n'y a plus de chaleur. C'est elle qu'on nomme le *zéro absolu*.

Sans rechercher si la division de l'échelle thermométrique en degrés égaux n'a pas été une faute, et si elle n'est pas génératrice d'erreurs, s'il n'y a pas plus de distance réelle entre — 250° et — 240°, par exemple qu'entre + 50° et + 60°, et même qu'entre 100° et 1000°, admettons cette définition, pour faire comme tout le monde, et pour ne pas être en désaccord avec la science actuelle. Il semble que dans le vide absolu il ne doit exister aucune chaleur et que, par conséquent, le vide absolu, réalisé dans la chambre barométrique et dans tels espaces intersidéraux, se trouverait à cette température de — 273°.

Mais il faut bien admettre que le vide, aussi absolu qu'il soit, est *toujours traversé* par des rayons calorifiques. Il ne serait donc pas exact de dire que ce que nous appelons le vide absolu ne contient pas de chaleur. D'autre part, ce qui importe surtout, c'est de déterminer la température que prendrait un corps placé dans ce vide absolu.

Le problème ainsi posé, nous allons voir que les corps ne peuvent prendre dans ce vide la température du zéro absolu.

Dans la chambre barométrique, un thermomètre, même dans l'obscurité, recevrait des rayons calorifiques des parois de la chambre et même de l'enceinte, et se mettrait certainement en équilibre de température avec cette même enceinte. Dans l'espace, le corps considéré, même abrité, dans un cône d'ombre, des rayons du Soleil, recevrait de la chaleur de toutes les étoiles et des autres corps célestes. Cependant il ne se mettrait pas en équilibre de température avec ces corps ; non parce que l'enceinte serait trop éloignée, mais parce que cette enceinte n'est pas continue comme dans le cas de la chambre barométrique, et qu'elle présente d'énormes vides.

A la vérité, le nombre des étoiles étant infini, on pourrait considérer l'enceinte étoilée comme continue. Seulement, comme je l'ai montré dans mon livre *Les Manifestations de l'Énergie*, les rayons calorifiques ne sont pas susceptibles de voyager indéfiniment, même lorsqu'ils ne sont pas arrêtés par des masses matérielles. La transparence de l'espace n'est pas infinie ; les corpuscules calorifiques, lumineux, électriques, se détruisent en se rencontrant entre eux, après un trajet en général immense. S'il n'en était pas ainsi, la voûte du ciel serait partout aussi brillante que le soleil, car de tous ses points nous recevrions autant de rayons lumineux, et la chaleur qui s'en dégagerait tiendrait tous les corps en vapeur. Pour tout dire, la vie serait impossible. J'ai établi (*Manifestations de l'Énergie*, p. 61) que la transparence de l'espace s'étend vraisemblablement jusqu'à la distance des étoiles de la 68ème grandeur (encore non découvertes). S'il en est ainsi, comme la distance moyenne des étoiles est de soixante millions de fois leur diamètre, la surface vide du Ciel, dans chaque grandeur, est soixante millions^2 ou 3.600 trillions de fois la surface rayonnante, et, dans l'ensemble en tenant compte des 68 grandeurs, environ 50 milliards de fois plus grande que cette même surface rayonnante.

D'où il suit qu'un corps placé dans l'espace, et recevant la lumière et la chaleur des étoiles et autres corps célestes, doit avoir une température considérablement plus basse que la moyenne des corps célestes.

Comment déterminer cette température ? Pour cela, nous considérerons que le corps en question rayonne en même temps qu'il reçoit. Or, arrivé à l'équilibre et ne possédant aucune chaleur par lui-même, il ne peut rayonner que ce qu'il reçoit. Nous n'avons donc qu'à déterminer la chaleur qu'il reçoit, et que par conséquent il rayonne, à l'endroit où nous le supposerons, et calculer sa température, au moyen de la formule de Stéfan, suivant sa puissance de rayonnement.

Remarquons, d'ailleurs, que nous trouverons les mêmes résultats, de quelque corps qu'il s'agisse ; car, si le corps a un pouvoir émissif faible, son pouvoir absorbant se trouvera faible aussi. La grandeur du corps aussi n'importe pas ; car, plus sa surface est grande, plus il rayonne, mais plus aussi il absorbe.

La grandeur et le pouvoir émissif peuvent cependant avoir des effets, mais seulement dans le cas *où le corps serait échauffé intérieurement*. Dans ce cas, plus le pouvoir émissif serait faible, plus la chaleur intérieure serait gardée ; plus il serait grand, moins sa surface de refroidissement serait grande en proportion ; conséquemment la grandeur serait un avantage au point de vue de la conservation de la chaleur intérieure.

Mais ne mêlons pas les deux questions, et supposons d'abord, pour fixer les idées, une sphère métallique, bonne conductrice de la chaleur et réalisant les conditions du corps noir, de 10 mètres de diamètre. Je prends cette dimension parce qu'elle se rapproche de celles du véhicule que je me promets d'étudier, et que, si elle n'a pas d'influence sur le résultat du calcul tant que nous ne la supposerons pas chauffée intérieurement, elle en aura, au contraire, avec un chauffage intérieur.

Cette sphère développera 314 mètres carrés environ de surface, par lesquels elle rayonnera ; mais chaque étoile ne lui enverra de rayons que d'un seul côté, c'est-à-dire sur une surface quatre fois moindre ou 78 mètres carrés.

L'étoile α du Centaure est de première grandeur. D'après les mesures les plus précises, elle serait à peu près de la grosseur du Soleil et rayonnerait autant que lui. Mais comme elle se trouve placée 228.000 fois plus loin, elle nous donne $228.000^2 = 52$ milliards de fois moins de chaleur.

Or, le Soleil nous fournit environ 300 petites calories par seconde et par mètre carré. Pour la sphère en question, α du Centaure fournirait :

$$\frac{300}{52}\,milliards = \frac{1}{2.208.000}\,de\ calorie\ par\ seconde$$

Les autres étoiles de première grandeur sont en général plus grosses qu'α du Centaure, mais elles sont aussi plus éloignées, de sorte qu'on peut admettre que toutes donnent, à peu de chose près, la même quantité de chaleur. Il y en a 17. D'autre part, on peut aussi admettre que chaque grandeur d'étoiles, dans son ensemble, rayonne autant que la première ; les étoiles qui la composent sont plus éloignées, mais elles sont plus nombreuses, ce qui fait compensation. J'ai dit qu'il fallait compter 68 grandeurs d'étoiles. Enfin, on peut négliger le rayonnement des autres corps célestes dont, la température étant plus de dix fois moins élevée, le rayonnement par unité de surface est, suivant la loi de Stéfan, plus de dix mille fois moindre. Ajoutons l'appoint que la gravitation fournirait à notre sphère, appoint qui est proportionnel à sa masse, et qui, le calcul l'indique en prenant pour base ce que reçoit la Terre (voir note 10 bis), peut être évalué à environ 1/10ème de petite calorie par seconde.

Dans ces conditions, et en supposant la dite sphère bien abritée des rayons du Soleil, elle recevrait, et rayonnerait, par seconde :

$$\frac{1}{10} + \frac{2}{2.208.000} \times 17 \times 68 = \frac{1}{10} \, de \, calorie$$

à supposer, bien entendu, qu'elle absorberait tout, c'est-à-dire qu'elle réaliserait les conditions du corps noir.

Or, le corps noir rayonne, par seconde et par mètre carré, suivant les déterminations les plus précises, à la température T :

$$T^4 \times 1,28 \times 10^{-8} \, petites \, calories.$$

Nous pouvons donc, pour notre sphère de 314 mètres carrés, poser l'égalité suivante :

$$T^4 \times 1,28 \times 10^{-8} \times 314 = 0,1 \, petite \, calorie.$$

D'où nous tirerons :

=

$$T = \sqrt[4]{\frac{10^8}{10 \times 1,28 \times 314}} = 12\,°5 \, absolus \, ou -260\,° \, centigrades.$$

Ceci, bien entendu, en supposant exacte la loi de Stéfan à ces basses températures.

Dans ce cas, on le voit, c'est surtout la chaleur fournie par la gravitation, 220.000 fois plus forte que celle venue des étoiles, qui commande le résultat. A ceux qui, malgré les preuves que j'en ai donné, douteraient encore de l'existence de cette chaleur gravifique, je dirai : 1° Le calcul ci-dessus, fait sans tenir compte de cette chaleur gravifique, donne pour la température de l'espace, à l'ombre 3° 4 absolus (au lieu de 12) ; 2° Dans les calculs de la température de l'espace *au soleil*, ceux qui importent le plus pour des voyages interplanétaires, attendu qu'on sera pour ainsi dire toujours au soleil, la chaleur gravifique deviendra à son tour négligeable, car, à la distance de la Terre, le Soleil fournirait à notre sphère 23.400 petites calories (300 × 78 mq) par seconde, c'est-à-dire 234.000 fois ce que fournit la gravitation.

Pour trouver la température que prendrait notre sphère au soleil, *sans aucune protection*, nous établirons d'abord une formule générale pour toutes les distances au Soleil.

Nous connaissons la constante solaire à la distance de la Terre, c'est-à-dire la quantité de chaleur que le Soleil nous envoie : 300 petites calories par seconde et par mètre carré. A la distance d'un million de lieues, que nous prendrons pour unité, la chaleur reçue, et rayonnée, sera $37,25^2$ fois plus forte, c'est-à-dire 416.268 petites calories par seconde et par mètre carré. Nous n'oublions pas, d'autre part, que la chaleur reçue par 1 mètre carré de section est rayonnée par une surface quadruple. Nous pourrons donc poser, pour la distance de un million de lieues du Soleil :

$$T = \sqrt[4]{\frac{416.268 \times 10^8}{1,28 \times 4}} = 1.688°5 \, (absolus)$$

A une distance n fois plus grande, la chaleur reçue, et rayonnée, serait n^2 fois moindre. Pour trouver la température correspondante à une distance quelconque n, exprimée en millions de lieues, il suffira de diviser le chiffre que nous venons de trouver (1.688° absolus) par la racine quatrième de n^2 ou, ce qui revient au même, par la racine carrée de n. Ce qui nous donne les résultats suivants :

1° à 7 millions de lieues du Soleil   638° absolus   ou 365° centigrades.

2° Sur l'orbite de Mercure (13   441° absolus   ou 168° centigrades.

millions de lieues du Soleil)

3° Sur l'orbite de Vénus (26 millions de lieues du Soleil)	331° absolus	ou 54° centigrades.
4° Sur l'orbite terrestre (37,25 millions de lieues du Soleil)	276°67 absolus	ou 3°67 centigrades.
5° Sur l'orbite de Mars (56 millions de lieues du Soleil)	225° absolus	ou -48° centigrades.
6° Sur l'orbite de Jupiter (192 millions de lieues du Soleil)	122° absolus	ou -151° centigrades.
7° Sur l'orbite de Saturne (355 millions de lieues du Soleil)	39° absolus	ou -184 ° centigrades.
8° Sur l'orbite d'Uranus (733 millions de lieues du Soleil)	62° absolus	ou -211° centigrades.
9° Sur l'orbite de Neptune (1110 millions de lieues du Soleil)	50° absolus	ou − 223° centigrades.

Remarquons bien que ces températures sont calculées pour un corps *sans aucune protection*. En admettant une protection efficace (du côté obscur pour les distances du Soleil plus grandes que le rayon de l'orbite terrestre, et du côté lumineux pour les autres), on pourrait réduire facilement au dixième la perte ou le gain de chaleur sur une des faces. Pour les voyages aux planètes supérieures, la chaleur reçue serait la même, et le même aussi le rayonnement du côté éclairé ; mais du côté obscur le rayonnement serait réduit au dixième, de sorte qu'en définitive le rayonnement total se trouverait 1,8 fois moindre. On aurait la température résultante, par conséquent, en multipliant les chiffres déjà trouvés par la racine quatrième de 1,8 ou 1,16 environ. Pour les voyages aux planètes inférieures, le rayonnement serait le même du côté obscur, mais il serait réduit au dixième du côté éclairé ; d'autre part la chaleur reçue serait, elle aussi, réduite au dixième, de sorte que la température serait exprimée par le quotient de la division des nombres précédents par la racine quatrième de 1,8 × 10, ou 2,66. Cela porterait les températures :

A	7 millions de lieues du Soleil	à 310° absolus	Ou +37° centigrades
A	15 millions de lieues du Soleil (Mercure)	à 219° absolus	Ou +54° centigrades
A	26 millions de lieues du Soleil (Vénus)	à 160° absolus	Ou -113° centigrades
A	56 millions de lieues du Soleil (Mars)	à 261° absolus	Ou -12° centigrades
A	192 millions de lieues du Soleil (Jupiter)	à 141° absolus	Ou -133° centigrades
A	355 millions de lieues du Soleil (Saturne)	à 103° absolus	Ou -170° centigrades

Naturellement, ce sont là des températures extrêmes, et bien entendu, on pourra régler la protection de manière à ne pas subir, par exemple, sur l'orbite de Vénus, un froid de — 113°. Nous voyons par ce tableau que les froids de l'espace ne peuvent pas constituer un obstacle pour des voyages ne dépassant pas l'orbite de Mars. On pourrait dépasser largement cette orbite en usant d'un chauffage intérieur artificiel doublé d'une bonne protection. Entourée complètement de bois, avec matelas d'air, et le bois recouvert lui-même de métal poli, le rayonnement de la sphère pourrait être ramené au centième de celui du corps noir. Pour y maintenir une température intérieure de 15° centigrades, soit 288° absolus, à la distance de Jupiter, il faudrait produire environ une petite calorie seulement par seconde et par mètre carré, soit, pour l'ensemble, 314 petites calories par seconde. Le Soleil, à cette distance, ne donnerait que peu de chose, 9 calories seulement par seconde. Avec une surface noircie il en donnerait 900, mais la protection étant supprimée de son côté en ferait perdre 7.000 par rayonnement, il n'y aurait donc pas avantage. Somme toute, il faudrait recourir à la chaleur artificielle pour 305 petites calories par seconde.

Le meilleur mode de chauffage serait sans contredit le gaz oxhydrique pur, parce que, produisant de l'eau par sa combustion, il permettrait d'emporter une moindre quantité de ce liquide, et que, de plus, il ne vicierait pas l'air contenu dans le véhicule ; enfin il n'oblige à aucune communication avec le dehors. Je ne parle pas de sa facilité de réglage. Or, 1 kilogramme de gaz oxhydrique, comprenant à la fois le combustible (hydrogène) et le comburant (oxygène), donne en brûlant 3.555.000 petites calories. Il suffirait donc pour 11.655 secondes ou trois bonnes heures. Le voyage, nous le verrons, durerait six ans, mais il n'exigerait aucun chauffage au début et à la fin, et ce n'est que progressivement que cette consommation de gaz serait atteinte. Il faudrait donc compter sur une dépense de 4 kilogrammes en moyenne par jour, soit, pour 6 ans ou 2.200 jours, environ 9.000 kilogrammes de gaz qu'il faudrait emporter. Il y aurait à ajouter à ce poids, naturellement, les vases pour le contenir (comprimé, bien entendu), vases qui pèseraient, probablement, autant que lui, mais dont on pourrait se débarrasser, peu à peu, en cours de route.

Il ne faudrait pas songer, par exemple, à un abordage sur Jupiter ou un de ses satellites. A défaut d'autres circonstances, le froid seul suffirait à nous l'interdire. Ceux qui se lanceraient vers Jupiter devront donc se contenter de passer près de cette planète.

Pour aller vers Saturne, le voyage serait deux fois plus long, et il faudrait faire face à des froids plus rigoureux. Il faudrait au moins quatre fois plus de combustible-comburant. Ce serait peut-être encore praticable. Mais je crois qu'il faut, au moins pour le moment, abandonner toute idée d'atteindre Uranus ou Neptune, tant à cause de la longueur du voyage que de la difficulté du chauffage et de l'approvisionnement.

Je ferai remarquer, pour terminer ces considérations sur les froids de l'espace, qu'un homme bien vêtu, pourvu d'un appareil respiratoire, pourrait sans aucun danger d'être gelé, s'aventurer au dehors du véhicule dans les parages de Mars, de la Terre ou de

Vénus. Dans les parages de Mercure, il y aurait plutôt danger d'être grillé, et il y aurait lieu de s'abriter sérieusement des rayons du Soleil.

Passons à la deuxième partie du problème : l'air pur, les vivres, la lumière. La question de la chaleur vient d'être résolue.

Le véhicule ne pourra évidemment pas contenir une grande quantité d'air pur. On ne peut songer à lui donner des dimensions trop grandes. Mais remarquons que, d'une part, l'azote ne sera pas dépensé ; de plus, on peut facilement absorber le gaz carbonique produit par une solution de potasse ou de soude. Il ne serait pas non plus très difficile de purifier l'air des diverses ptomaïnes produites par les voyageurs, au fur et à mesure de leur production.

Dans ces conditions, une très grande quantité d'air n'est pas nécessaire. Admettons trois voyageurs. Pour des voyages, en somme, longs, ce nombre sera presque indispensable, ne serait-ce que pour prévenir l'ennui. Ils produiront au plus, à eux trois, 90 grammes de gaz carbonique par heure, qui pourront être absorbés par 135 grammes de soude, dissous dans une certaine quantité d'eau, laquelle pourra d'ailleurs resservir souvent, après distillation. Si le voyage doit durer un an, ou 8.760 heures, il faudra nécessairement emporter, en plus de l'air respirable :

$$0^{kg}135 \times 8,760 = 1.200 \; kilogrammes \; de \; soude \; environ.$$

Mais le gaz carbonique se formant aux dépens de l'oxygène de l'air, il ne suffit pas de l'absorber, il faut aussi remplacer l'oxygène. On le pourra facilement, soit en le préparant au moyen du chlorate de potasse, soit en emportant une réserve d'oxygène tout préparé. Nos trois voyageurs consommant ensemble, au plus, 70 grammes d'oxygène par heure, qui peuvent être fournis par 200 grammes de chlorate de potasse, il faudrait 1.752 kilogrammes de cette dernière matière par année de voyage ou 615 kilogrammes d'oxygène préparé, avec les vases pour le contenir.

Il ne serait pas nécessaire d'emporter une très grande quantité d'eau. Le véhicule étant hermétiquement fermé, quelques litres suffiront à en saturer l'atmosphère. L'eau employée par les voyageurs pour usage de propreté ou boisson serait rendue presque intégralement sous forme de vapeur d'eau qui se condenserait sur les parois (sauf quelques sécrétions). Admettons qu'il en perde 3 kilogrammes par jour, cela ferait 1.100 kilogrammes par an ; ce serait d'ailleurs suffisant, attendu qu'il y aurait en plus toute la provision de gaz oxhydrique, qui se changerait en eau au fur et à mesure de sa combustion.

Les approvisionnements seront complétés en ajoutant 6 kilogrammes de vivres par journée de voyage, soit environ 2.000 kilogrammes par année prévue.

Il faudra, dans les voyages qui ne dépasseront pas l'orbite de Mars, peu de chaleur artificielle, un peu seulement pour la préparation des aliments et le passage dans les cônes d'ombre. La lumière artificielle pourra être fournie par le gaz oxhydrique, soit agissant directement sur des manchons à incandescence, soit produisant de l'électricité au moyen d'un moteur et d'une dynamo.

Les considérations précédentes nous font connaître que la question d'approvisionner convenablement un véhicule pour des voyages dans l'espace qui peuvent durer plusieurs années n'offre aucune difficulté. Comme, au cours de cette étude, je serai obligé de tabler sur des chiffres, au moins approximatifs, autant vaut les établir tout de suite. J'évaluerai donc ainsi le poids du véhicule et de son contenu :

Chlorate de potasse	1.800 Kgs.
Soude	1.200 Kgs.
Eau et gaz oxhydrique	3.000 Kgs.

Vivres	2.000 Kgs.
Meubles, livres, appareils divers	4.000 Kgs.
Les voyageurs et leurs effets	300 Kgs.
Total	12.300 Kgs.

pour la première année de voyage. Les autres années n'exigeront que 5.000 kilogrammes supplémentaires chacune ; enfin il faut compter le véhicule lui-même.

Pour qu'il soit confortable, il faut que chaque voyageur y dispose d'une cellule personnelle (d'au moins 2 m, sur 3 m,) ; il faut aussi une salle commune, contenant la bibliothèque, les instruments (au moins 5 m. sur 5 m.) ; enfin un promenoir et des magasins (fig. 1).

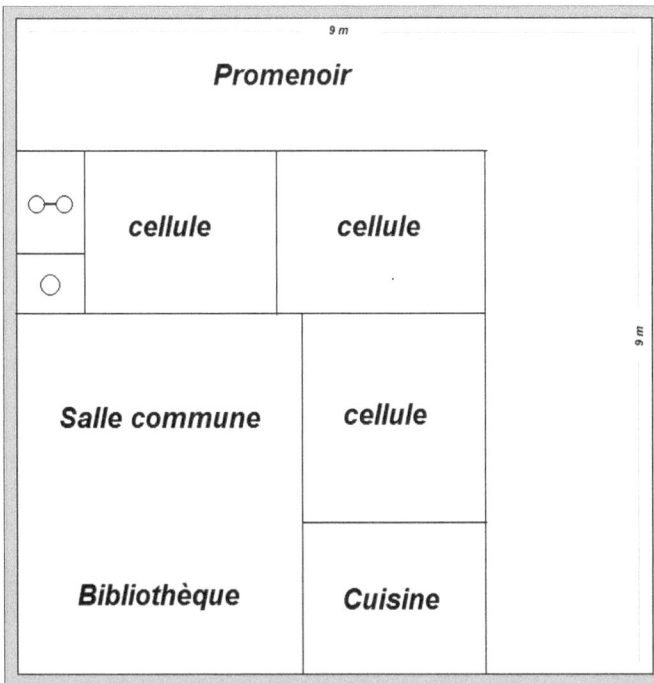

Fig. 1 — le véhicule.

J'ai supposé, dans les calculs précédents, une sphère ; mais cette forme ne serait pas commode. La forme parallélépipédique me paraît bien préférable.

Je donnerais aux différentes pièces trois mètres de hauteur. La disposition pourrait être celle indiquée dans la figure. Au-dessus, sur une hauteur de deux à trois mètres, se trouveraient les magasins d'approvisionnement (160 à 240 mètres cubes). Le véhicule proprement dit serait donc un parallélépipède rectangle de 9 mètres de long, autant de large et de cinq à sept mètres de hauteurs.

En le supposant construit en tôle d'acier de un millimètre d'épaisseur, soutenue sur une charpente en acier et doublée de panneaux de bois mobiles, son poids total pourrait être renfermé dans les limites de 12 à 15.000 kilogrammes (voir note 1).

Il faudrait donc compter 32 à 35 tonnes s'il s'agit d'un voyage d'un an, 40 tonnes, s'il doit durer deux ans, 45 tonnes s'il doit durer trois ans ; et ainsi de suite en augmentant de cinq tonnes par années de voyage en surplus.

Emporter cela, comment ? Car il est évident que de tels voyages ne peuvent s'effectuer à la vitesse réduite de nos trains ; et même à celle de nos obus, les voyages dureraient trop longtemps. Il nous faut des vitesses de l'ordre planétaire, atteignant vingt, trente, quarante et cinquante mille mètres par seconde. Et c'est là ce qui semble difficile à réaliser, et *qui l'est véritablement*, mais beaucoup moins que cela ne le paraît à un premier examen, trop superficiel.

Ces vitesses d'ordre planétaire, mais est-ce que, dès l'origine, notre véhicule n'en posséderait pas une ? Il marche déjà, sans effort de notre part avec la vitesse de translation de la Terre sur son orbite, c'est-à-dire 29.500 mètres par seconde environ. Le problème sera bien simplifié si nous pouvons faire état de cette vitesse.

Supposons un moment que l'attraction de la terre soit nulle, et que notre véhicule soit, au moment du départ, en avant d'elle, sur son orbite. Il est évident que si nous lui imprimons une vitesse quelconque, même insignifiante, ledit véhicule s'éloignera peu à peu de la Terre en parcourant une orbite tangente, mais *extérieure* à l'orbite terrestre. Et le calcul montre que si la vitesse initiale imprimée au véhicule atteignait 12.225 mètres, ce qui avec les 29.517 mètres de vitesse naturelle, lui donnerait une vitesse réelle dans l'espace de 41.742 mètres, il suivrait par rapport au Soleil une courbe parabolique, qui l'éloignerait *à l'infini*, c'est-à-dire bien au-delà des limites du système solaire.

Et comme nous n'avons pas l'intention d'aller aussi loin, nous n'aurons pas besoin de nous lancer avec une vitesse de 12.225 mètres. Pour aller à Mars, il nous suffira de 2.864 mètres ; pour aller à Jupiter, de 8.700 mètres ; pour aller à Saturne, de 10.004 mètres. Pour mémoire, pour aller à Uranus, 11.210 mètres ; et à Neptune, 11.727 mètres (voir note 2).

Pour des voyages aux planètes inférieures, le mécanisme est analogue. Seulement, au moment du départ, il faut que le véhicule se trouve en arrière de la Terre sur son orbite. Il en résultera que, lancé vers le zénith du lieu, sa vitesse naturelle de 29.517 mètres se trouvera diminuée, ce qui lui fera décrire une orbite encore tangente à l'orbite terrestre, mais *intérieure* à elle. Le calcul démontre qu'une vitesse de 2.713 mètres suffirait à la rendre tangente à celle de Vénus, et qu'une vitesse de 7.110 mètres la rendrait tangente à celle de Mercure.

Mais ces chiffres supposent que la Terre n'est pas un centre attractif. Or, elle en est un, et même très puissant. M. Flammarion, dans son *Astronomie populaire*, dit que, pour échapper à l'attraction terrestre et s'élancer vers l'infini, un mobile devrait être animé d'une vitesse de 11.300 mètres par seconde. M. Flammarion n'a dû faire que très grossièrement le calcul, car le chiffre exact est 11.176 mètres, à moins d'un mètre près. Il semble donc qu'il faudrait ajouter aux vitesses que j'ai indiquées cette vitesse spéciale de 11.176 mètres par seconde.

Il semble. Mais, en réalité, il faut ajouter bien moins ; en effet, plus la vitesse de départ est grande, moins l'attraction terrestre la diminue, parce que cette attraction s'exerce moins longtemps, surtout dans les régions où elle est le plus intense. De sorte que pour trouver la vitesse dont notre véhicule devra être animé au départ de la Terre pour lui composer une orbite tangente à celle d'une autre planète, il faut extraire la racine carrée de la somme des carrés des vitesses en question (voir l'appendice à la fin du volume). Ces vitesses doivent être en définitive :

Pour Mars	De 11.537 m.	au lieu de 11.176 m.	+2.864 m.=14.040 m.
Pour Jupiter	De 14.163 m.	au lieu de 11.176 m.	+8.700 m.=19.876 m.
Pour Saturne	De 15.000 m.	au lieu de 11.176 m.	+10.004 m.=21.180 m.
Pour Uranus	De 15.829 m.	au lieu de 11.176 m.	+11.210 m.=22.386 m.
Pour Neptune	De 16.200 m.	au lieu de 11.176 m.	+11.726 m.=22.902 m.
Pour l'infini	De 16.841 m.	au lieu de 11.176 m.	+12.225 m.=23.401 m.

Et :

Pour Vénus	De 11.500 m.	au lieu de 11.176 m.	+2.713 m.=13.889 m.
Pour Mercure	De 13.246 m.	au lieu de 11.176 m.	+7.110 m.=18.286 m.

Est-il possible d'animer un mobile de pareilles vitesses et pouvant, disons-nous, atteindre 16,000 mètres, et même un peu plus, étant donnée l'action retardatrice de l'atmosphère au départ ?

Je le crois, et je vais essayer de le démontrer.

Je sais bien que, cette démonstration faite, le problème ne sera pas encore résolu, qu'il y aura encore des difficultés à surmonter. Il faudra penser à l'abordage des planètes, au retour, etc. Mais ces autres difficultés, je le montrerai, sont peu de chose. La grosse affaire est là, et c'est cette question que je vais traiter tout d'abord.

J'ajouterai seulement aux considérations précédentes, ceci ; c'est qu'il faut absolument que le véhicule rencontre la Terre au retour, et cela ne se peut, en principe, que si le voyage dure un nombre exact d'années. On peut y arriver par une vitesse convenable au départ, composant au véhicule une orbite qu'il parcoure précisément dans ce temps. Cette orbite sera tangente à l'orbite terrestre et le véhicule en la suivant reviendra sûrement à la Terre ; mais en général elle sera plus ou moins sécante à celle de la planète but, ce qui est de nature à gêner des tentatives d'abordage. On peut aussi composer au véhicule une orbite tangente à la fois à celle de la Terre et à celle de la planète but, au moyen d'une vitesse convenable au départ ; dans ce cas, il faudra se maintenir un certain temps sur l'orbite de la planète but, manœuvre qui aura d'ailleurs l'avantage de permettre un abordage facile ; mais il faut pour cela, en plus d'une poussée suffisante au départ, les moyens de modifier la route suivie en cours de voyage. Le calcul montre que, dans ces conditions, un voyage à Mars durerait deux ans ; un voyage à Uranus trente-et-un ans (?) ; un voyage à Neptune, soixante-deux ans (?).

Il est à distinguer deux sortes de voyages : 1° les voyages d'observation, dans lesquels on se contentera de passer à proximité de la planète visée, sans y aborder ; 2° et les voyages d'exploration, comportant l'abordage de la planète.

Ce sont les premiers qui seront le moins difficiles, car ils n'exigeront guère d'autres forces motrice que celle du lancement ; les seconds exigeront une plus grande dépense d'énergie , car, outre que les manœuvres d'abordage en demanderont, il faudra une nouvelle force initiale pour le retour.

Pourra t-on entreprendre des voyages d'exploration ? Oui, si, d'une part le véhicule est automoteur, et si, d'autre part, il peut emmagasiner une quantité suffisante d'énergie. Oui encore, s'il ne peut emmagasiner que la quantité d'énergie nécessaire à la première partie du voyage ; mais alors il faut que la planète visée offre des ressources pour effectuer la seconde partie.

A défaut de mieux, on conviendra que des voyages d'observation dans lesquels on verrait, par exemple, Mars à dix mille lieues, rapproché par une lunette à vingt lieues ; Jupiter à cent mille lieues, rapproché par la lunette à deux cents lieues seulement, ne seraient pas sans intérêt. Je crois que, dans l'état actuel de la science, des voyages d'observation quelconques (jusqu'à Saturne) pourront être entrepris. Je serai moins affirmatif en ce qui concerne les voyages d'exploration. Ceux-là ne me paraissent pas impossibles, loin de là, mais il y a certaines inventions et certaines découvertes à réaliser dont j'entrevois bien le principe, mais dont je ne puis garantir le succès, mes moyens ne me permettant pas les expériences nécessaires.

Neuf mois suffiraient pour un voyage d'observation à Vénus ; mais au retour, le véhicule, revenu sur orbite terrestre, n'y trouverait pas la Terre, qui en serait à trois mois de distance. Il continuerait donc sa route par une nouvelle révolution qui le ramènerait au bout de neuf autres mois sur l'orbite terrestre, où il ne trouverait pas encore la Terre. Ce ne serait qu'après quatre révolutions du véhicule, c'est-à-dire trois ans, que la Terre et le véhicule arriveraient à se rejoindre.

On pourrait encore observer Vénus — moins bien, — en faisant suivre au véhicule une orbite de huit mois qui couperait celle de Vénus, et qui rencontrerait la Terre après trois révolutions ou deux ans ; moins bien encore, par une orbite de six mois qu'on ne parcourrait que deux fois, et qui réduirait la durée du voyage à un an. Cette orbite de six mois aurait l'inconvénient de passer à sept millions de lieues seulement du Soleil. Nous avons vu que ce ne serait pas un obstacle.

Par une orbite de six mois semblable, on pourrait aussi observer Mercure.

Les voyages d'exploration, si on dispose d'assez d'énergie pour les entreprendre, ne seront pas plus longs que les voyages d'observation. A la vérité, il y aurait à compter le temps de l'exploration ; mais, d'une part, ce temps serait assez court, quelques jours tout au plus ; d'autre part, ils comporteront pour le véhicule des orbites aussi exactement que possible tangentes à celles des planètes visées, en général moins excentriques que celles des voyages d'observation ; enfin la règle du nombre exact d'années vaut pour tous les voyages. J'ajoute que les voyages d'exploration aux planètes inférieures, Vénus ou Mercure, seraient notablement plus courts que les voyages d'observation aux mêmes planètes ; nous le verrons, le voyage à Vénus ne durerait que vingt-deux mois et le voyage à Mercure huit mois.

Ces considérations générales suffiront, je crois, pour bien faire comprendre le principe des voyages que je propose, et pour démontrer qu'il s'agit là d'un progrès nouveau, et non de fantaisies destinées à occuper agréablement l'esprit. J'espère qu'elles engageront le lecteur à poursuivre jusqu'au bout la lecture de cet ouvrage. J'aborde donc, sans tarder plus longtemps, la grosse question de la force motrice.

———————

CHAPITRE II

LA FORCE MOTRICE

SOMMAIRE. — Les idées émises jusqu'à présent. — Le canon de *Jules Verne*. — Une *fronde gigantesque*. — Impraticabilité de ces moyens. — Le principe de la *fusée volante*. Ce qu'on peut en espérer. — Moteur à *pression intérieure*. — Utilisation en route, comme source d'énergie, de la chaleur solaire. — La direction en général.

Notre véhicule est construit et approvisionné. Il s'agit maintenant de lui imprimer une vitesse qui peut aller, avons-nous dit, jusqu'à 16.000 mètres par seconde.

Pour un lancement analogue, Jules Verne, dans *De la Terre à la Lune*, avait imaginé un canon monstre, de 300 mètres de longueur d'âme, coulé dans la terre et pointé vers le zénith. Je ne sais si la charge qu'il supposait (quatre cent mille livres de fulmicoton) était suffisante pour imprimer à son projectile la vitesse convenable. Cela n'a pas d'importance, et si, comme il est très probable, il y a là une erreur, elle n'est pas la seule que contient le livre, qui n'est qu'un ouvrage d'imagination et non une étude scientifique. Il n'est pas nécessaire, je crois, de faire remarquer ce qu'un pareil moyen a de scabreux. A la vérité, ce n'est pas que je ne rende justice au canon et aux services qu'il pourrait rendre en pareil cas, à défaut de moyens plus pratiques. Il n'est pas vrai, comme l'a écrit Jules Verne, qu'être *dans* le canon ou *devant* le canon soit une situation identique pour des voyageurs. Être devant, c'est recevoir un choc subit, c'est-à-dire se mettre en vitesse dans un temps inappréciable, et subir pendant ce temps une accélération immense, de plusieurs milliards de mètres par seconde, se traduisant par une pression des organes les uns sur les autres de plusieurs milliers de kilogrammes par centimètre carré, capable peut-être d'écraser le corps jusqu'à le liquéfier. Être dedans, c'est arriver à la même vitesse graduellement, en un temps encore court mais appréciable, subir une accélération encore considérable, mais beaucoup moins déjà ; c'est, dans le cas du canon de Jules Verne et suivant ses données, acquérir cette vitesse en 200 mètres de course et en $1/30^e$ de seconde. Le calcul démontre, suivant la formule $\gamma = \dfrac{v^2}{2e}$, que c'est, en un mot, subir une accélération de 640.000 mètres par seconde, 64.000 fois celle de la pesanteur. Cette accélération ne serait probablement pas supportable (même avec des ressorts qui ne la diminueraient que très peu), parce que, pendant ce trentième de seconde, ce serait comme si chaque centimètre cube du corps pesait 64 kilogrammes. Il y aurait sans doute rupture des pièces du squelette et aplatissement du corps avec toutes ses conséquences.

Mais si le canon de Jules Verne doit être considéré comme un moyen absolument impraticable, il n'en serait pas de même d'un canon très long, avec lequel l'accélération ne dépasserait pas 1.000 à 2.000 mètres par seconde, Une telle accélération se traduirait sans doute par une oppression forte, mais en somme supportable. Chaque centimètre cube du corps ne pèserait que 100 à 200 grammes, et il ne pourrait se produire aucune rupture d'organes, avec quelques précautions. En partant couchés dans des boîtes capitonnées épousant la forme de leur corps, les voyageurs se trouveraient, et cela pendant quelques secondes seulement , à peu près dans la situation du scaphandrier qui, au fond de la mer, supporte parfois des pressions de cinq ou six atmosphères. Un tel canon serait certainement coûteux, mais on pourrait le construire.

En lui donnant une longueur de deux cents kilomètres (son épaisseur pourrait d'ailleurs être minime puisque la pression des gaz n'y dépasserait pas quelques atmosphères, et son prix de revient n'atteindrait pas ce qu'a coûté le canal de Panama), on pourrait obtenir une vitesse initiale de vingt mille mètres en dix secondes, avec une accélération de deux mille mètres par seconde.

Le canon n'est donc pas un moyen absolument impraticable, au moins pour un premier lancement ; mais ce n'est pas non plus un moyen pratique ; c'est celui qu'on ne se résout à employer qu'à défaut d'autre. Ses inconvénients sont nombreux. D'abord son prix de revient. Ensuite il faudrait le disposer horizontalement, et, pour éviter une trop grande résistance de l'atmosphère, lui donner un exutoire vertical, débouchant à une grande hauteur. Ce serait une sorte de tunnel se redressant verticalement pour gagner le sommet d'une haute montagne. Il faudrait y faire le vide préalablement, ce qui n'irait peut-être pas sans difficultés. Il faudrait, pour que la résistance de l'atmosphère soit négligeable, employer un projectile très lourd, de 2.000 tonnes au moins, et une charge d'explosif considérable. Avec un diamètre de 12 mètres, son arrière développerait 110 mètres carrés. Une pression de 400 atmosphères serait nécessaire pour donner l'accélération ; il faudrait donc qu'à la sortie du projectile les gaz y aient cette pression ; par conséquent il faudrait compter, à 40 kilogrammes environ d'explosif par mètre cube, quelque chose comme 900.000 tonnes d'explosif (!), coûtant au moins un milliard de francs. Vraiment l'effort serait disproportionné au résultat (!).

Laissons donc le canon ; si j'en ai parlé si longuement, c'est d'une part, parce qu'il est le premier moyen qui se présente à l'esprit, et qu'il fallait le discuter, ne serait-ce que pour l'éliminer définitivement, en en montrant les difficultés ; ensuite parce que je tiens à passer en revue tous les moyens possibles, afin de les mettre en parallèle avec ceux que je vais proposer. Le canon, d'ailleurs, réduit à des dimensions plus petites, trois ou quatre kilomètres de longueur par exemple, pourrait être utilisé pour fournir un complément de vitesse.

Un autre moyen — qui vaut le canon, peut-être, — consisterait à établir une fronde gigantesque, formée d'une roue d'acier, montée à peu près comme la Grande Roue de Paris, mais de 500 mètres au moins de diamètre. Le véhicule serait fixé en un point du pourtour de cette roue, et entraîné par elle avec une vitesse croissante. Un déclenchement lâcherait le projectile au moment convenable pour qu'il soit envoyé dans la direction voulue, avec la vitesse voulue. Avec cette fronde, on arriverait à la vitesse que l'on voudrait, avec l'accélération que l'on voudrait. Il suffirait d'arriver à dix ou douze tours par seconde, ce qui n'a rien d'excessif. Une telle roue pèserait au moins 1.000 tonnes et ne coûterait pas moins de trois millions à établir. Pour la remuer, il faudrait appliquer à l'axe une force de 10.000 kilogrammes au moins. En y appliquant le double, on obtiendrait une accélération moyenne de l'ensemble égale à celle de la pesanteur, c'est-à-dire de dix mètres par seconde. En moins d'une demi-heure, après mille à deux mille tours, la vitesse nécessaire serait atteinte. Il serait facile de disposer les choses de manière à annuler à peu près complètement la résistance de l'air. Une force de vingt tonnes, travaillant sur cent cinquante mètres par seconde, demande un moteur de quarante mille HP, Jusque-là, donc, rien qui ne soit faisable. Mais des êtres humains pourraient-ils supporter le tournoiement de cet appareil ? C'est douteux. Peut-être en s'y habituant à l'avance...

Voici maintenant un moyen encore coûteux, sans doute, mais qui aurait l'avantage d'être *certainement* supportable pour des voyageurs et de leur permettre de modifier à leur gré leur vitesse et leur direction dans l'espace. Nous verrons d'ailleurs que ce moyen, quoique suffisamment pratique, n'est peut-être pas encore le meilleur.

Il existe un petit appareil, la *fusée volante*, capable de s'élever dans l'air, et même dans le vide, par la force de recul d'une composition fusante formée dans les mêmes proportions que la poudre de chasse, de salpêtre (azotate de potasse), de soufre et de charbon. Je dis : *et même dans le vide*, car cette composition se fournit à elle-même l'oxygène nécessaire à sa combustion. La preuve, d'ailleurs, qu'elle ne brûle pas au moyen de l'oxygène de l'air, c'est que les gaz qu'elle dégage s'y opposent absolument.

Peut-être objectera-t-on que les gaz dégagés agissent en prenant point d'appui sur l'air (voir note 3). Mais alors je répondrai : 1° que l'air, qui s'oppose à la sortie des gaz, s'oppose aussi a mouvement de la fusée et qu'ainsi les différentes actions de l'air sur le système s'annulent plus ou moins ; 2° que, dans le vide, la fusée pourrait s'appuyer (à supposer qu'elle ait besoin d'appui) sur les premiers gaz dégagés, lesquels, d'ailleurs, ne s'opposeraient pas comme l'air à son mouvement ; 3° que la pression des gaz formés se répartissant également sur toute la surface intérieure de l'appareil, il doit y avoir forcément rupture d'équilibre dans le sens opposé au dégagement. C'est là un principe de physique assez souvent expérimenté pour qu'on ne puisse douter de son exactitude.

Voyons maintenant les résultats que l'on pourrait obtenir avec un appareil basé sur ce principe.

Une fusée volante ordinaire (de numéro 10) pèse, tout compris, 320 grammes et elle est chargée de 32 grammes de poudre noire. Elle s'élève, je l'ai constaté, à plus de 200 mètres de hauteur. Dans le vide, elle s'élèverait sensiblement plus haut, car elle subit de la part de l'air une résistance qui, au moment de sa plus grande vitesse, peut être évaluée à 100 grammes, et qui est en moyenne égale, à peu de choses près, à 35 ou 40 grammes. C'est dire que cette résistance, d'une part, augmente le poids de la fusée de plus d'un dixième, et que la vitesse se trouve diminuée aussi d'un dixième ; d'autre part, que si même la fusée arrivait à sa vitesse, elle serait retardée et monterait moins haut que si elle circulait dans le vide. Il est difficile d'évaluer exactement ce que la résistance de l'air lui fait perdre de hauteur ; je ne crois pas qu'on puisse évaluer cette perte à moins de 50 mètres. Je pense donc que nous pouvons admettre que cette fusée, bien lancée, dans le vide, atteindrait l'altitude de 250 mètres.

La poudre met environ une seconde à brûler. Pendant ce temps, la fusée subit une accélération, qui se trouve précisément égale à la vitesse qu'elle atteint, et elle parcourt un espace égal à la moitié de cette accélération.

Calculons cette vitesse.

L'espace total parcouru (250 mètres) comprend : 1° l'espace parcouru pendant la seconde de mise en vitesse (moitié de la vitesse cherchée) ; 2° l'espace parcouru par l'effet de la vitesse acquise, pendant un temps inconnu *t*.

Nous pouvons donc poser l'égalité :

$$\frac{v}{2} + \frac{vt}{2} = 250$$

Mais nous savons que $t = \frac{v}{g}$, g étant l'accélération terrestre à la surface de la Terre. L'égalité précédente pourra donc s'écrire successivement :

$$v(1+t) = 250 \times 2 \ ou \ 500$$
$$v\left(1+\frac{v}{g}\right) = 500$$
$$v + \frac{v^2}{g} = 500$$

$$vg + v^2 = 500g$$

$$v^2 + vg - 500g = 0$$

Cette dernière égalité est une équation du second degré, d'où nous tirons :

$$v = \frac{-g \pm \sqrt{g^2 - (4 \times -500g)}}{2}$$

La seconde racine de cette équation étant négative ne peut répondre à la question. La résolution numérique de la première nous donne $v' = 65$ m. 30 (on sait que g est connu et que sa valeur est $9^m 8088$).

Il suit de là que si nous construisons un véhicule-fusée et que nous gardions pour la charge la même proportion que dans notre fusée n°10 (1/10e du poids total), nous arriverons à lui imprimer *pratiquement*, dans le vide, une vitesse de 65^m 30, ce qui est d'ailleurs loin de nous suffire.

Mais il n'est pas nécessaire que la charge ne soit que d'un dixième. Théoriquement, le poids du véhicule proprement dit peut être une fraction aussi petite qu'on voudra du poids total, et pratiquement nous ne serons arrêtés que par les difficultés que présenterait une construction trop gigantesque. Nous avons vu que notre véhicule devrait peser, tout compris, 20 tonnes pour la première année de voyage, et 5 tonnes de plus pour chaque année en sus. Tablons sur 40 tonnes. Si nous ajoutons une charge mille fois plus grande, le poids total dépassera légèrement quarante mille tonnes, ce qui n'a rien d'excessif ; on construit des navires plus pesants, et dans les guerres, pour des fins souvent criminelles, on consomme plusieurs milliers de fois cette quantité d'explosif. Du reste, il est évident que pour des voyages plus courts ce poids total pourrait être sensiblement réduit.

Il faut cependant tenir compte du poids des enveloppes contenant l'explosif, enveloppes qu'il faudra emporter. La pression des gaz, toujours dans les mêmes conditions que la fusée qui a servi de point de départ à notre étude, ne dépassant pas deux atmosphères, ces enveloppes seraient légères. On pourrait les faire en tôle d'acier de 2 millimètres d'épaisseur, pesant 15 kilogrammes au mètre carré, et les consolider par des charpentes en acier qui pèseraient à peu près autant qu'elles : 40.000 tonnes d'explosif peuvent tenir dans 40.000 mètres cubes, c'est-à-dire dans un cylindre de 20 mètres de diamètre et de 130 mètres de longueur, dont la surface serait de 9.000 mètres carrés environ, et qui pèserait ainsi 270 tonnes. Mettons 500 tonnes, pour plus de sûreté. Ce serait environ 1/80e de l'explosif, ou plutôt de la composition fusante, car il n'y aurait pas explosion.

Soit donc un appareil de quarante mille tonnes, comprenant quarante tonnes pour le véhicule proprement dit, cinq cents tonnes de récipients contenant la composition fusante, et 39.460 tonnes de cette composition. En brûlant un dixième du poids total de l'appareil, nous nous donnerons une vitesse de 65ᵐ 30. Si automatiquement, nous nous débarrassons du récipient qui contenait ce dixième, le poids total se trouvera diminué de

$$\frac{1}{10}+\frac{1}{800}=\frac{81}{800}$$. Si nous recommençons aussitôt l'opération, en

brûlant encore un dixième du poids total restant, nous diminuerons encore ce poids de 81/860e, et, en vertu du principe mécanique que le mouvement relatif obtenu au moyen d'une force donnée est le même que s'il était absolu, nous obtiendrons une vitesse additionnelle de 65ᵐ 30. Combien de fois peut-on répéter cette opération pour arriver à réduire le poids initial à un millième ? Le calcul indique qu'on peut la répéter 65 fois. La vitesse totale donnée par ces 65 opérations serait donc de :

$$65\,m\,30 \times 65 = 4.244\,m\,50.$$

Mettons 4,200 mètres. Ce qui n'est pas encore suffisant.

Mais la poudre noire n'est pas la combinaison chimique susceptible de donner les meilleurs résultats. Elle laisse un résidu important, de 66% environ, qui ne se transforme pas en gaz et reste ainsi inutilisé. Plusieurs autres produits, au contraire, le fulmicoton, par exemple, donnent quatre fois plus de gaz et pas de résidu. Si nous adoptions cette dernière matière, nous pourrions animer notre véhicule d'une vitesse quatre fois plus forte, c'est-à-dire de 16.800 mètres par seconde. Comme notre vitesse initiale n'atteindra jamais ce chiffre, nous ne dépenserons pas tout au départ et il nous restera un excédent de force motrice que nous utiliserons dans l'espace pour diverses corrections de vitesse ou de direction, ou, si cet excédent est suffisant, pour des manœuvres de satellisation ou d'abordage.

Et comme ce supplément ne sera jamais trop fort, nous pourrions faire mieux encore. Tout d'abord, le poids du véhicule proprement dit diminuera au fur et à mesure que nous nous débarrasserons de tout ce qui ne nous sera plus utile, pour se réduire à la fin à 15 tonnes seulement (au lieu de quarante), ce qui permettrait de faire huit fois de plus l'opération expliquée plus haut, et d'obtenir ainsi 2.000 mètres de vitesse supplémentaires. Ensuite la dernière partie du voyage peut se faire, avec moins de confort, dans un appareil plus petit, plus léger, dont le poids total, y compris son contenu, ne dépasserait pas trois tonnes (véhicule de trente mètres cubes de capacité, 800 kilogrammes ; deux mois de vivres, 360 kilogrammes ; voyageurs et leurs effets, 300 kilogrammes ; eau, 300 kilogrammes ; chlorate de potasse, soude, 500 kilogrammes ; livres et appareils divers, 640 kilogrammes). Cela permettrait d'obtenir encore 15 fois 260 mètres de vitesse, ou 3.900 mètres. Au total, nous pouvons obtenir du véhicule-fusée une vitesse de 22.700 mètres, suffisante pour tous les voyages d'observation et, nous le verrons, pour des voyages d'exploration à Vénus ou à Mars. Pour un voyage d'exploration à la Lune, qui ne durerait qu'un ou deux mois et qui exigerait en tout que 16.000

mètres de vitesse, l'appareil ne pèserait au départ que trois mille tonnes, tout compris.

Le moyen que je propose est un moyen *certain*, basé entièrement sur des faits précis, contrôlés . Il peut d'ailleurs encore, sans doute, être perfectionné. Pour assurer la direction au départ, on pourrait faire partir l'appareil du fond d'un puits creusé spécialement, où seraient installées des glissières à roulement. L'action du vent ne serait guère à craindre. Même s'il soufflait en tempête, il ne pourrait imprimer à un appareil aussi lourd qu'une accélération de 10 à 15 centimètres par seconde, et cela pendant quelques secondes seulement, et dévier l'appareil, dans l'ensemble, d'un angle insignifiant de moins d'un dixième de seconde, déviation qu'il serait facile, nous le verrons, de corriger ensuite.

Le petit véhicule de la fin du voyage pourrait être construit par les voyageurs en cours de route, avec des matériaux tirés du grand. Il ne serait pas difficile de disposer les pièces intérieures du grand véhicule de manière à permettre cette construction. Ce petit véhicule serait d'ailleurs plus maniable pour l'abordage d'une planète ou de la Terre au retour, et exigerait une dépense de force motrice bien moindre. Pourvu de roues, il formerait une voiture commode pour l'exploration. Dans ce cas, il pourrait y avoir avantage à remplacer la propulsion par échappement de gaz par celle d'un moteur analogue à ceux que nous employons pour nos automobiles.

Le fulmicoton coûte assez cher. Il revient à l'État français environ à 3 fr. 50 le kilogramme. Mais, en le fabriquant soi-même, on pourrait l'avoir à un prix de revient bien moindre. Il ne serait pas nécessaire d'employer du coton pour le produire ; toute cellulose peut servir à sa fabrication. En y employant du bois qu'on peut avoir à trente francs la tonne, on pourrait certainement l'obtenir à cinquante centimes le kilogramme. Les quarante mille tonnes reviendraient ainsi à vingt millions, et le voyage, à Mars, Jupiter, Vénus ou Mercure, au plus à vingt cinq. Ce serait à peu près le prix que prendrait le chemin de fer pour la même distance. Le voyage à la Lune, qui ne demanderait que trois mille tonnes d'explosif, ne coûterait pas plus de deux à trois millions.

On m'objectera peut-être qu'au départ il faudrait compter avec la résistance de l'air, dont je n'ai pas fait état. Je vais montrer qu'avec la fusée cette résistance peut être considérée comme négligeable.

Nous savons qu'un obus de nos gros canons actuels peut parcourir dans l'atmosphère une trajectoire de quarante kilomètres. D'ailleurs si la loi mécanique qui dit que la résistance de l'air est proportionnelle au carré de la vitesse est exacte, la vitesse initiale n'a rien à faire dans le problème, et la portée des canons n'est fonction de cette vitesse initiale qu'en raison de l'intensité de la pesanteur. En d'autres termes, si l'attraction terrestre était nulle, la portée des canons serait toujours la même pour un obus donné, quelle que soit la vitesse initiale.

Or, ces quarante kilomètres sont tout entiers contenus dans les couches inférieures de l'atmosphère. Pour un trajet vertical, la pesanteur étant supposée ne pas exister, l'obus traverserait des couches de moins en moins denses, de moins en moins résistantes, jusqu'au vide absolu. A supposer que l'obus ait un décimètre carré de section, il aurait la force de déplacer, dans le sens horizontal, quatre cent mille litres d'air, pesant 517 kilogrammes, alors que verticalement, en partant du niveau de la mer, il n'aurait que 103 kilogrammes de gaz à déplacer. La résistance de l'air, dans le cas de notre obus non soumis aux lois de la pesanteur, ne lui ôterait donc que le cinquième de sa vitesse initiale s'il était lancé dans le sens vertical. Et si le point de départ était à 6.000 mètres d'altitude, sur le Popocatepetl par exemple, où le poids de l'atmosphère est moitié moindre, la vitesse de l'obus ne serait réduite que d'un dixième.

Mais ce calcul regarde un obus d'une tonne, environ, pesant un kilogramme par centimètre carré de section. Avec notre véhicule, pesant quarante mille tonnes pour une section de quatre cents mètres carrés, soit dix kilogrammes par centimètre carré, la force motrice étant dix fois plus considérable pour la même section, la résistance de l'atmosphère n'aurait qu'un effet dix fois moindre, et par conséquent ne serait que du centième de la vitesse initiale, c'est-à-dire de 120 à 160 mètres.

Il y aura une autre sorte de vitesse, due à la pesanteur, pendant la mise en vitesse. Cette perte serait plus importante, quoiqu'elle se trouve compensée en partie. En supposant que nous voulions atteindre une vitesse au départ de la Terre de 14.000 mètres par seconde, et que notre accélération soit de soit de 60 mètres, il nous faudrait 233 secondes pour y arriver, et nous monterions pendant ce temps à 1.628 kilomètres de hauteur. L'accélération terrestre moyenne étant, dans ce trajet, de 8^m 70 environ, la perte de vitesse serait $233 \times 8,70 = 2.027$ mètres. Mais comme nous nous trouverions à 1.628 kilomètres de hauteur, il nous suffirait d'une vitesse de 13.300 mètres pour représenter 14.000 mètres au départ de la surface terrestre ; ce qui réduirait la perte due à la pesanteur, dans le cas que nous envisageons, à 1.327 mètres.

En forçant le jet de gaz de manière à porter l'accélération à 600 mètres, ce qui serait peut-être désagréable mais très probablement supportable, la vitesse nécessaire serait atteinte en 23 secondes, et la perte de vitesse causée par la pesanteur serait presque nulle.

Voilà ce que peuvent donner les compositions explosives. Elles sont peut-être effrayantes, mais en réalité ne présentent aucun danger sérieux. Le personnel des poudreries est bien plus exposé, et cependant dans ces établissements les accidents sont assez rares.

Je vais maintenant proposer d'autres moyens moins certains, mais qui cependant me paraissent devoir être encore plus pratiques si, comme je le crois, l'expérience confirme leur valeur. Ils sont d'ailleurs tous basés sur le même principe.

a) Nous pouvons augmenter la pression, en gênant la sortie des gaz. Le bon sens nous dit : s'il n'y avait pas de pression du tout, il y n'y aurait pas de vitesse produite ; or, dès qu'il y a de la pression, il y a, c'est chose constatée, production de vitesse. Donc, en vertu du principe de continuité, la vitesse doit croître avec la pression, suivant une certaine loi, pour la même quantité d'explosif dépensé.

D'autre part, la mécanique nous dit : la vitesse d'écoulement des gaz est proportionnelle à la racine carrée du nombre qui exprime la pression.

Si cette loi est vraie, lorsque nous doublerons, triplerons, décuplerons la pression, les gaz sortiront plus vite sans doute, mais suivant la racine carrée de 3, de 10 ; tandis qu'ils agiront 2, 3, 10 fois plus fortement. Nous gagnerons ainsi plus que nous ne perdrons, et la vitesse dont nous pourrons disposer sera celle que nous avons déjà trouvée multipliée par la racine carrée du chiffre par lequel nous aurons multiplié la pression.

Dans la fusée volante dont j'ai parlé, la pression peut être évaluée à 1.900 grammes répartis sur 2 centimètres carrés environ, soit moins d'une atmosphère. Nos calculs ont été basés sur cette pression qui, nous l'avons vu, est susceptible de nous donner, en une ou plusieurs fois, 22.700 mètres de vitesse.

Serait-il possible de supporter 16 atmosphère ? Cette pression représenterait quatre fois plus de vitesse ou 90.800 mètres. Peut-être faudrait-il compter un peu moins, parce que les réservoirs devraient être plus solides et par conséquents plus lourds. Mais avec 75.000 mètres on pourrait aller sûrement partout ; et si on n'avait besoin que de la moitié, par exemple, il ne serait nécessaire d'employer qu'une quantité d'explosifs bien plus minime (250 tonnes au lieu de quarante mille).

Je le répète, je ne veux considérer ce moyen comme sûr que lorsque des expériences précises en auront démontré la valeur. Les déductions de la mécanique sur ce point sont plutôt théoriques ; et il arrive parfois que la pratique donne un démenti aux suggestions de la théorie.

b) Supposons que notre appareil soit complété par un sac immense, de plusieurs milliers de lieues d'étendue en tous sens, dont la masse serait nulle et dans lequel s'échapperaient les gaz. Il est évident que rien ne serait changé au mouvement, tant que le sac ne serait pas rempli de gaz. Et si nous imaginons que nous puissions, par un moyen quelconque, condenser ces gaz et les récupérer, nous pourrions les utiliser indéfiniment. Il apparaît donc que, théoriquement au moins, on peut concevoir un appareil dont le mouvement de propulsion serait absolument intérieur. Je sais que cela va contre cette affirmation de la mécanique que les actions qui se produisent dans un système clos ne peuvent avoir aucune influence sur l'état de repos ou de mouvement de ce système. Mais ce principe a certainement été affirmé un peu légèrement, et il n'est vrai que pour les machines que nous avons su réaliser jusqu'aujourd'hui, dans lesquelles on a toujours les réactions extérieures. La question qui se pose est donc de savoir s'il est possible de réaliser *pratiquement* un système clos susceptible de se mettre ne mouvement, et nous devrons arriver à ce résultat si nous pouvons, dans l'intérieur d'une chambre close, créer une différence de pression sur deux faces opposées, si, par exemple, sur l'une, la pression est de un kilogramme par centimètre carré, et sur l'autre d'un demi-kilogramme seulement et même moins. Il ne s'agit que de trouver un artifice capable de produire cet effet.

Or, je crois avoir trouvé cet artifice. Il ne reste plus qu'à l'expérimenter.

La figure qui suit représente schématiquement le dispositif qu'il faudrait employer.

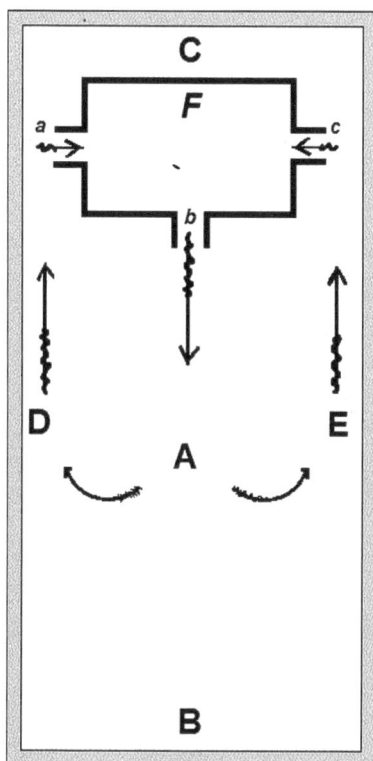

Fig. 2.

Soit A l'appareil, formé d'une caisse rectangulaire ayant en dehors de son plancher et de son plafond quatre faces B, C, D, E. En F j'installe une pompe à air pourvue de trois tuyaux a, b, c. Par les tuyaux a, c, elle absorbe l'air contenu dans la caisse, mais les actions produites par cette absorption sont contraires et se neutralisent. Par le tuyau b cet air est refoulé dans la caisse. Il est évident que je produis ainsi en F une pression qui n'est pas entièrement contrebalancée en B. Même, si la caisse était assez longue, je pourrais arriver à ce qu'en B il y ait presque le vide. Dans ces conditions, il doit y avoir poussée de la paroi C, et par conséquent mouvement dans le sens BC.

Pour faire fonctionner cette pompe, on pourrait employer un moteur à gaz oxhydrique.

Que pourrait-on obtenir avec un pareil moteur ?

Nous avons vu que 32 grammes de poudre noire, représentant 10 grammes de gaz, produisent en une seconde une pression moyenne utilisable de 1.900 grammes, qui imprime à une masse de 320 gr, (la fusée) une vitesse de 65 mètres. De là nous pouvons conclure que pour donner à une masse de 40 tonnes une accélération de 65 mètres il faudrait comprimer à une atmosphère 1.250 kilogrammes de gaz par seconde, ou 125 kilogrammes (100 mètres cubes environ) à 10 atmosphères. Avec une pompe à quatre pistons, donnant chacun deux coups par seconde, les corps de pompe devraient avoir chacun 2m. 30 de diamètre et 7 mètres de longueur. La dépense de gaz oxhydrique pour la mettre en mouvement serait d'un millier de kilogrammes par seconde. Il apparaît tout de suite qu'un tel mécanisme serait impuissant à vaincre l'attraction terrestre au départ, car il lui faudrait agir non seulement sur les quarante tonnes du véhicule, mais aussi sur les milliers de tonnes de gaz oxhydrique qu'il faudrait emporter pour obtenir la vitesse nécessaire. Même si le départ s'effectuait au moyen de la composition fusante, un appareil mille fois moindre en volume, dix fois moindre en diamètre, et ne consommant qu'un kilogramme de gaz oxhydrique par seconde, donnerait au véhicule une accélération de 6 centimètres et demi, susceptible de donner en mille secondes, avec mille kilogrammes de gaz oxhydrique, 65 mètres de vitesse. Ce moyen ne semble donc guère pratique, mais il le deviendra si nous pouvons puiser de l'énergie à une source extérieure et inépuisable, le rayonnement du Soleil.

On sait que, sur l'orbite terrestre, le rayonnement solaire est de 300 petites calories par seconde et par mètre carré. Avec un miroir de 30 mètres de diamètre, développant par conséquent 800 mètres carrés environ, on pourrait concentrer par seconde 240.000 petites calories, capable de vaporiser 400 grammes d'eau par seconde. On obtiendrait de cette vaporisation un effort de poussée de 70 kilogrammes (puisque la production de 10 grammes de gaz donne, dans le cas de la fusée, une poussée de 1.900 grammes). Cette poussée imprimerait à notre véhicule de 40 tonnes une accélération de 16 millimètres, supérieure de 10 millimètres à celle que la gravitation lui imprimerait vers le Soleil. Sur l'orbite de Vénus, on pourrait obtenir le double, et sur celle de Mercure, le sextuple. Cette accélération, quoique petite, permettrait, outre une grande économie de composition fusante, qui ne servirait plus que pour vaincre l'attraction terrestre et, en cas d'abordage, celle de la planète-but, d'abréger très sensiblement la durée des voyages. En effet, pour aller à Mars on pourrait : 1° au moyen de la composition fusante, se donner une vitesse de 11.176 mètres ; 2° au moyen de la chaleur solaire, ajouter à cette vitesse, par une accélération de 16 millimètres continuée pendant 1.250.000 secondes ou 15 jours environ, une vitesse supplémentaire de vingt mille mètres, qui annulerait totalement la vitesse du véhicule ; 3° ledit véhicule n'étant plus soumis qu'à l'attraction solaire, contrebattre cette attraction et s'élancer directement vers l'orbite de Mars, en donnant au véhicule, par une accélération de 10 millimètres prolongée pendant trente jours environ, une vitesse de 24.000 mètres, suffisante pour atteindre cette orbite, à laquelle on arriverait ensuite en douze ou treize jours ; 4° se maintenir sur l'orbite de Mars, en attendant l'arrivée de la planète, qui ne tarderait pas, étant donné que l'époque du départ aurait été choisie convenablement ; 5° on accompagnerait alors la planète, on l'aborderait ; 6° pour le retour, il suffirait de détruire la vitesse d'accompagnement, ce qui demanderait vingt jours, et de se laisser tomber naturellement vers l'orbite terrestre, ce qui demanderait quatre-vingt jours. Là, on attendrait la Terre en se contentant d'annuler l'attraction solaire. Pour ne pas la manquer, on pourrait se donner une vitesse convenable sur l'orbite. Durée totale des mouvements, six mois au plus. Avec les immobilisations, un an au plus, au lieu de deux ans. Et on pourrait peut-être faire mieux encore, si on faisait agir la vapeur à plus forte pression. Même, si on réfléchit que l'eau est, de tous les corps, celui qui demande le plus de chaleur pour se vaporiser, on peut espérer qu'en lui substituant un autre corps, par exemple l'alcool éthylique ou le toluène, on obtiendrait encore de meilleurs résultats.

Ces deux derniers corps présenteraient d'ailleurs l'avantage d'être presque incongelables.

L'appareil pourrait se composer d'une chaudière placée au foyer du miroir, et d'un tube assez long pour que la vapeur soit condensée avant d'arriver à l'extrémité ; ledit tube, bien abrité contre le rayonnement du Soleil par un autre tube plus large en matériaux peu conducteurs, articulé au centre de gravité du véhicule et pouvant être orienté dans un sens quelconque. Un dispositif à imaginer ramènerait la vapeur condensée dans la chaudière.

Je ne considère pas, je le répète, la construction et le fonctionnement d'un pareil moteur comme susceptibles de donner *sûrement* les résultats que j'indique. C'est pourquoi, dans la suite de ce livre, je ne tablerai que sur le premier moyen, et j'étudierai les voyages en supposant son emploi. Mais je crois que ce moteur peut être construit de manière à fonctionner convenablement, et qu'il y a en tout cas quelque chose à chercher dans cette voie. Il y a aussi des chances pour que, comme il arrive souvent, on trouve mieux que ce que je fais espérer ; et on conviendra que la question offre d'autant plus d'intérêt que si on réussit à obtenir les résultats que j'indique, les voyages interplanétaires seront : 1° bien moins coûteux, puisque trois mille tonnes de composition fusante suffiront pour lancer le véhicule ; 2° bien plus rapides, puisqu'on pourra aller directement au but, et cela avec une vitesse plus grande.

La grandeur du miroir ne serait pas un obstacle. On pourrait l'emporter en morceaux et le monter en route. Je l'ai dit : dans les parages de l'orbite terrestre, les voyageurs pourront très bien sortir du véhicule, avec quelques précautions pour éviter la déperdition de l'air respirable, et un scaphandre approprié. Ils ne verront pas ce scaphandre éclater sous la pression intérieure, qui ne dépassera pas une atmosphère ; on peut le faire assez résistant pour cela (les pneus de nos bicyclettes résistent bien à trois ou quatre atmosphères !) D'autre part, le froid de l'espace, nous l'avons vu, n'est à craindre qu'à l'ombre, ou au soleil au-delà de l'orbite de Mars. Enfin, le miroir, n'ayant à supporter aucun effort mécanique, puisqu'il circulerait dans le vide, pourrait, malgré ses dimensions, peser peu. En plaques de fer nickelé d'un demi-millimètre d'épaisseur, avec nervures de renforcement, il pourrait être établi à raison de 4 kilogrammes par mètre carré, et, avec la charpente de soutien, il ne pèserait pas plus de six à sept tonnes.

———————

CHAPITRE III

LA DURÉE DES VOYAGES

SOMMAIRE, — Les orbites qu'on peut composer au véhicule. — Du danger de tomber, malgré soi, sur une planète que l'on approcherait de trop près. Ce danger est chimérique. — Pourquoi il ne faut pas se lancer perpendiculairement à l'orbite terrestre.

Le moyen principal que je propose consiste donc à se lancer tangentiellement à l'orbite terrestre, dans le même sens que la Terre, pour les voyages aux planètes supérieures, et en sens contraire, pour les voyages aux planètes inférieures. La vitesse du véhicule étant plus grande que celle de la Terre, pour les planètes supérieures (plus grande parce que la vitesse de la Terre s'ajoute naturellement à celle du véhicule), le résultat, combiné avec l'attraction solaire, sera une orbite elliptique dont l'excentricité dépendra de la vitesse initiale, et comme il sera facile de régler, au moins par à peu près, cette vitesse initiale, nous pourrons placer son aphélie où nous voudrons. La seule condition du retour à la Terre est que cette orbite soit *exactement* parcourue en un nombre exact d'années. *Exactement* est une manière de parler. Nous verrons qu'à plusieurs heures près il n'y aurait pas péril en la demeure, malgré la grande vitesse de la Terre sur son orbite. De même je dis : un nombre exact d'années, en principe seulement, car nous verrons dans un des chapitres suivants, qu'on pourra s'arranger souvent de manière à donner au voyage une durée différente.

Le voyage durera toujours plus d'un an pour les planètes supérieures. S'il ne s'agit que d'un voyage d'observation, une orbite de deux ans coupera l'orbite de Mars, aussi près d'ailleurs de cette planète que l'on voudra, puisqu'on aura qu'à choisir convenablement l'époque du départ ; une orbite de trois, quatre ou

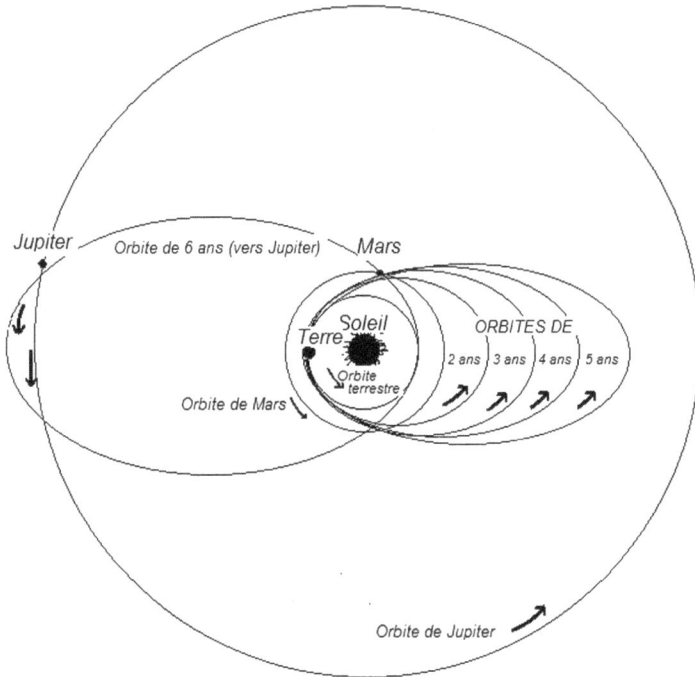

Fig. 3. — Orbites du véhicule pour des voyages d'observation à Mars, aux planètes télescopiques et à Jupiter (voir note 4).

cinq ans nous mènera dans la zone des planètes télescopiques ; une orbite de six ans nous portera un peu plus loin que l'orbite de Jupiter (fig. 3) ; une orbite de douze ans, très près de Saturne. Faut-il parler d'une orbite de trente-trois ans pour Uranus, ou de soixante-et-un ans pour Neptune (fig. 4) ?

Ces différentes orbites serait composées :

1° Celle de deux ans, au moyen d'une vitesse initiale de 12,250 mètres environ, donnant à toute distance de la Terre, une vitesse de 5.000 mètres par rapport à elle, et une vitesse réelle par rapport au Soleil de 34.500 mètres (29.500 + 5.000). La vitesse à l'aphélie serait de 15.700 mètres environ.

2° Celle de six ans, par une vitesse initiale de 14.600 mètres, donnant à toute distance de la Terre, une vitesse de 9.000 mètres par rapport à elle, et une vitesse de 38.500 mètres par rapport au Soleil. La vitesse à l'aphélie descendrait au-dessous de 6.000 mètres.

3° Celle de douze ans, par une vitesse initiale de 15.500 mètres, donnant à toute distance de la Terre, une vitesse de 10.200 mètres par rapport à elle, et une vitesse de 39.700 mètres par rapport au Soleil. La vitesse à l'aphélie tomberait à 4.200 mètres.

4° Celle de 33 ans, dont je parle plutôt ici pour mémoire, par une vitesse initiale de 15.800 mètres, donnant, à toute distance de la Terre, une vitesse de 11.200 mètres par rapport à elle, et une vitesse de 40.700 mètres par rapport au Soleil. La vitesse à l'aphélie serait d'environ 2.060 mètres. Cette orbite serait presque tangente à celle d'Uranus.

5° L'orbite de 61 ans, indiquée aussi pour mémoire, par une vitesse initiale de 16.200 mètres, donnant, à toute distance de la Terre, une vitesse de 11.720 mètres par rapport à elle, et une vitesse de 41.250 mètres par rapport au Soleil. La vitesse à l'aphélie ne dépasserait pas 1.400 mètres et l'orbite en question serait, à très peu de chose près, tangente à l'orbite de Neptune.

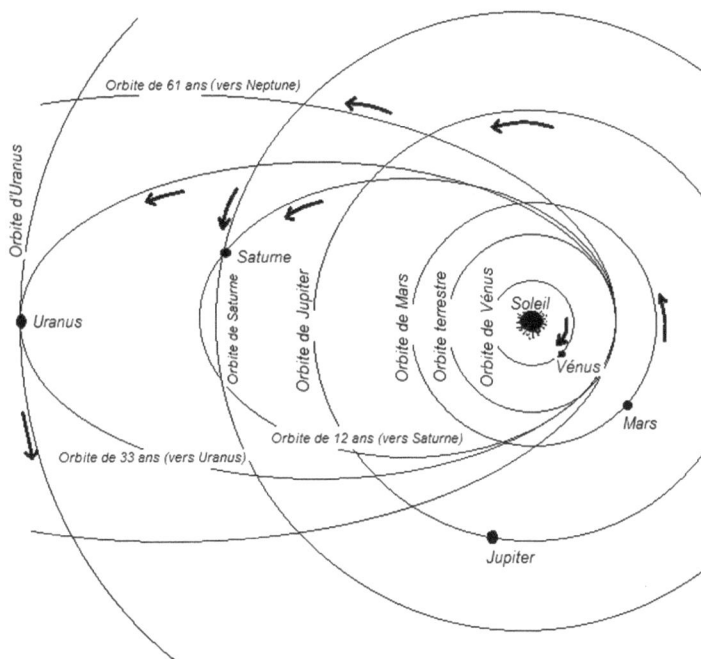

Fig. 4. — Orbite du véhicule pour Saturne, Uranus et Neptune
(voir note 5).

Une vitesse initiale de 16.560 mètres se traduirait à toute distance de la Terre, par une vitesse de 12.219 mètres par rapport à elle, c'est-à-dire par une vitesse totale de 41.719 mètres par rapport au Soleil, par conséquent parabolique par rapport à cet astre. Le véhicule, animé de cette vitesse de 16.560 mètres au départ de la Terre, partirait pour l'infini.

Ayant actuellement pour objet, non de préparer des voyages interplanétaires, mais seulement de démontrer la possibilité de pareils voyages et d'en indiquer les moyens, les chiffres précédents, ainsi que ceux qui vont suivre, ne doivent être considérés que comme grossièrement approximatifs, malgré le soin avec lequel je les ai calculés, et les vitesses réelles peuvent différer de celles que j'ai indiquées de quelques mètres, peut-être même de quelques dizaines de mètres. Cela vient de ce que, pour simplifier, je les ai calculés en supposant que les orbites de la Terre et des planètes sont exactement circulaires, que la vitesse de la Terre sur son orbite est toujours de 29.500 mètres par seconde, que la distance de la Terre au Soleil est toujours de 149 millions de kilomètres. Or, 1° il peut y avoir un million de lieues de différence entre la plus courte et la plus longue distance entre la Terre et le Soleil, et les vitesses de départ pour un voyage donné devront différer suivant l'époque de ce départ ; 2° la vitesse de la Terre est variable, ce qui, dans la pratique, changera aussi un peu les choses. C'est dire que quand on entreprendra de pareils voyages, il faudra en calculer, avec un soin tout particulier, les éléments, suivant la position de la Terre et de la planète, considérées sur leurs orbites respectives. Sans doute il n'y a pas besoin, pour réussir, d'une exactitude absolue. Nous le verrons, des avances ou des retards d'un et même de plusieurs jours ne seraient pas absolument préjudiciables. Mais la plus grande précision possible dans les calculs sera un atout de plus. Que si on a compté, par exemple, passer à cent mille lieues de Jupiter, et qu'on arrive à l'approcher qu'à cent vingt ou cent cinquante mille lieues, la chose a en soi peu d'importance. Si, par suite de calculs trop imparfaits, on ne l'approchait qu'à un million de lieues, ce serait déconcertant. Que si on compte rattraper la Terre à telle heure de tel jour, et qu'on arrive une demi-heure plus tôt ou plus tard, tout ira bien. Si on arrive deux jours trop tôt ou trop tard, on aura bien de la peine à se mettre dans la position nécessaire à un abordage convenable.

Quelques-uns, mal familiarisés avec la mécanique céleste, s'étonneront peut-être que, une vitesse de 11.176 mètres étant nécessaire rien que pour échapper à l'attraction terrestre, des vitesses supplémentaires de 1.074 m,, 3.424 m,, 4.324 m,, 5.024 m,, se traduisent, à toute distance de la Terre, par des vitesses de

5.000, 9.000, 10.200, 11.200, et 11.720 mètres. La raison de ce fait est facile à comprendre : c'est qu'avec ces vitesses supplémentaires on échappe plus vite à l'attraction terrestre ; on se trouve par conséquent moins retardé.

J'ai dit qu'on pourrait passer aussi près qu'on voudrait d'une planète. N'y aurait-il pas à craindre, si on en passait trop près, de tomber sur elle ?

Ce danger est chimérique. En effet, ou la trajectoire de notre véhicule rencontrera la planète, ou elle passera à une certaine distance, si petite d'ailleurs qu'on voudra la supposer. Dans le premier cas, dès que les voyageurs s'apercevront qu'ils vont à une rencontre directe (à supposer qu'ils la redoutent), une vitesse de côté convenable pourra toujours modifier cette trajectoire de manière à ce qu'elle passe à une petit distance de la planète, ce qui nous ramène au second cas. Dans ce second cas, q*uelle que soit la vitesse*, elle s'augmentera par l'attraction de la planète et deviendra *hyperbolique* par rapport à elle. Il en résulte que, le véhicule raserait-il la planète, il n'y tomberait pas, emporté par sa vitesse (voir note 6). Le seul résultat de ce passage rapide serait une avance de quelques heures dans la durée du voyage, et aussi une certaine déviation : mauvais effets qui seraient d'ailleurs faciles à rectifier.

Pour des voyages d'observation aux planètes inférieures, Vénus ou Mercure, nous composerons des orbites de six mois, qui reviendront toucher la Terre (pas seulement l'orbite terrestre) après deux révolutions (Fig. 5) ; de huit mois, qui reviendront à la Terre après trois révolutions ; ou de neuf mois, qui reviendront à la Terre après quatre révolutions. L'orbite de six mois ne ferait durer le voyage qu'un an ; par contre elle ne permettrait l'observation de Vénus ou de Mercure à proximité que pendant un temps assez court ; de plus elle passerait à sept millions de lieues seulement du Soleil, en un lieu où, nous l'avons vu (voir chapitre III), la chaleur

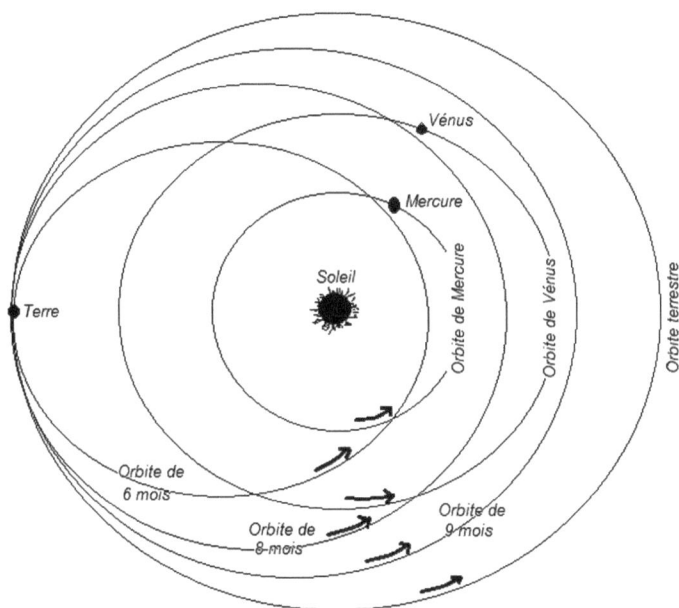

Fig. 5, — Orbites du véhicule pour les planètes inférieures.

de cet astre commencerait à devenir dangereuse. Maintenant, l'orbite de six mois est la seule qui permette une observation rapprochée de Mercure.

Les orbites de huit ou neuf mois, surtout la dernière qui serait presque tangente à l'orbite de Vénus, conviendraient mieux que l'orbite de six mois pour l'observation rapprochée de cette planète. Malheureusement elles exigent du temps : deux ans, nous l'avons vu, pour l'orbite de huit mois, et trois ans pour celle de neuf mois.

Ces orbites seraient obtenues en diminuant, par une vitesse contraire, la vitesse dont le véhicule se trouverait naturellement animé par suite de sa participation au mouvement de translation de la Terre. Pour y arriver, il suffirait de lancer le véhicule en sens contraire de ce mouvement de translation, c'est-à-dire vers le zénith, aux environs de six heures du soir. Nous verrons plus loin, pour la détermination de l'heure exacte, qu'il faudra tenir compte de diverses déviations, causées notamment par le mouvement de rotation de la Terre sur son axe.

Il y aura aussi un lieu à déterminer pour le départ : ce lieu sera, non sur l'équateur, mais aux environs du plan de l'écliptique.

Ces orbites seraient donc composées :

1° Celle de neuf mois, par une vitesse initiale de 11.500 mètres environ, donnant, à toute distance de la Terre, une vitesse par rapport à elle de 2.714 mètres, et une vitesse par rapport au Soleil de 29.500 m, — 2.714 m,, ou 26.786 mètres. La vitesse au périhélie serait de trente-huit mille mètres environ, et le grand axe aurait 62 millions de lieues.

2° Celle de huit mois, par une vitesse initiale de 12.130 mètres environ, donnant, à toute distance de la Terre, une vitesse par rapport à elle de 4.730 mètres, et une vitesse par rapport au Soleil de 24.770 mètres. La vitesse au périhélie serait de quarante-huit mille mètres environ et le grand axe aurait 57 millions de lieues.

3° Celle de six mois, par une vitesse initiale de 16.400 mètres environ, donnant, à toute distance de la Terre, une vitesse par rapport à elle de 12.400 mètres, et une vitesse par rapport au Soleil de 16.600 mètres. La vitesse au périhélie serait de quatre-vingt-neuf mille mètres environ, et le grand axe aurait 45 millions de lieues.

Une vitesse initiale de 31.080 mètres immobiliserait le véhicule sur l'orbite terrestre. Alors il tomberait directement vers le Soleil, en soixante-quatre jours et demi, à raison de 2^{mm} 9 pendant la première seconde, 9 pendant la deuxième, 15 pendant la troisième, et ainsi de suite en comptant toujours 6 mm de plus à chaque seconde dans les parages de la Terre, et de plus en plus à mesure qu'il se rapprocherait de l'astre radieux, qu'il aborderait avec une vitesse de près de six cents mille mètres par seconde.

On me demandera peut-être pourquoi on ne se lancerait pas directement vers la planète visée, en tenant compte bien entendu de son mouvement dans l'espace, et cela par le plus court chemin. A cela je répondrai :

A supposer qu'on lance le véhicule perpendiculairement à l'orbite terrestre, avec une vitesse dépassant 11.176 mètres par seconde, la vitesse tangentielle communiquée par la translation de la Terre ne serait pas anéantie. On ne suivrait donc pas, par ce moyen, une ligne droite, mais bien une trajectoire courbe, qui en l'espèce ne serait autre chose qu'une ellipse ayant le Soleil à l'un de ses foyers, *sécante* et non tangente à l'orbite terrestre. Sans doute, avec une vitesse initiale et une époque de départ convenables, le véhicule atteindrait le point de l'espace visé. Mais, 1° le voyage ne serait pas plus court, puisqu'il faudrait parcourir, de toute manière, l'ellipse entière ; 2° le véhicule, au retour, passerait à proximité du Soleil, ce qui serait certainement un inconvénient grave ; 3° l'abordage de la Terre, au retour, serait extrêmement incertain, puisqu'il faudrait arriver à peu de minutes près, et en tout cas fort dangereux ; 4° enfin, il faudrait une vitesse au départ beaucoup plus grande. Pour toutes ces raisons, je ne saurais conseiller cette méthode.

Cependant les voyages directs seraient praticables et sans dangers, à la seule condition de dépenser beaucoup d'énergie, par la méthode que j'ai indiquée plus haut. Je ne sais si des voyageurs pourront un jour disposer d'assez d'énergie pour employer ce moyen commode et rapide, en admettant sa possibilité, mais certainement dispendieux. L'avenir nous le dira.

CHAPITRE IV

CHANGEMENTS DE PLAN
ET CORRECTION DES DEVIATIONS

SOMMAIRE. — Manœuvres de *changement de plan*. *Déviations* causées parla relation de la Terre, par son inclinaison sur l'écliptique, et par la grande vitesse du début. Moyens de les corriger.

J'aborde ici la résolution d'une difficulté particulière. On sait que les planètes se meuvent chacune dans un plan différent de celui de la Terre. Il y a peu de différence en ce qui concerne Uranus et Neptune, qui se meuvent dans des plans très voisins de celui de l'écliptique. Mais le plan orbital de Saturne est incliné sur ce dernier de 2° 30', celui de Jupiter de 1° 18', celui de Mars de 1° 57', celui de Vénus de 3° 27', celui de Mercure de 7° 25', et celui des petites planètes de quantités variées, allant parfois jusqu'à près de 90°. Pour atteindre une de ces planètes, il faudra donc sortir du plan de l'écliptique, et lancer le véhicule dans un plan déterminé par le lieu du départ, le point d'arrivée et le centre du Soleil.

Si la Terre et par conséquent le véhicule, avant le départ, étaient immobiles, il suffirait, pour se lancer dans ce plan, de partir suivant une direction faisant avec la verticale un angle assez petit, facile d'ailleurs à calculer. Mais étant donné qu'au moment du départ le véhicule participe au mouvement de translation de la Terre, l'angle que devra faire la direction du lancement avec la verticale sera plus grand. Appelons cet angle β, et calculons-le, comme exemple, pour le cas d'une vitesse résiduelle de 3.200 mètres par rapport à la Terre, et d'une vitesse obtenue par rapport au Soleil de 32.000 mètres, soit dix fois plus grande, et d'un degré à gagner. Il faudra que la direction s'écarte dix fois plus de la verticale, ou de dix degrés. Il faudra aussi augmenter cette vitesse moyenne de 3.200 mètres. Pour évaluer le chiffre auquel il faudra la porter, construisons un triangle rectangle ayant pour côté de l'angle droit ces 3.200 mètres, et l'angle β comme angle adjacent à ce côté. La vitesse cherchée sera représentée par l'hypoténuse de ce triangle qui, dans le cas qui nous occupe, aura une longueur de 3.250 mètres environ.

La force motrice supplémentaire nécessaire pour assurer le changement de plan serait donc minime, car rarement il faudra gagner plus d'un degré. Il n'est pas possible de déterminer ici la valeur de l'angle qu'il faudra gagner, valeur qui n'est pas du tout égale à l'inclinaison du plan orbital de la planète visée sur l'écliptique. La valeur de cet angle, et en même temps celle de l'angle β, sera au contraire très variable suivant les positions respectives du lieu de départ et du point de l'espace que l'on se proposera d'atteindre. Une planète quelconque traverse, dans sa révolution, deux fois le plan de l'écliptique. Si le point de rencontre avec la planète se trouve sur l'écliptique même, l'angle β sera nul. Il sera plus grand lorsque la planète devra être abordée ou approchée au point où elle s'écarte le plus de l'écliptique, plus grand encore si les deux points de départ et d'arrivée sont situés tous les deux du même côté du Soleil. Dans ce cas extrême, l'angle β pourrait être de 35 à 40 degrés , et l'augmentation de vitesse nécessitée par le changement de plan pourrait atteindre près de 400 mètres.

Voici maintenant les déviations sur lesquelles il nous faudra compter, et les moyens de les corriger.

Une première déviation aura pour cause la rotation de la Terre sur elle-même. Partis, par exemple, de l'équateur à six heures du matin, les voyageurs seront rejetés vers le Soleil avec une vitesse de 483 mètres par seconde, et si la vitesse réelle du véhicule est de 32 kilomètres (voyage à Mars), cela représente un angle de 40 minutes environ (moins grand, d'ailleurs, pour les vitesses plus grandes). La correction de cette déviation est facile. Il suffit de partir deux minutes et quarante secondes avant six heures du matin pour l'exemple cité. Naturellement, la correction sera plus ou moins variable suivant la vitesse de translation du véhicule, et devra être calculée spécialement pour chaque voyage projeté. S'il s'agit d'un voyage aux planètes inférieures, le départ aura lieu deux minutes environ après six heures du soir.

Une seconde déviation sera causée par l'inclinaison de la Terre sur l'écliptique. Elle sera plus ou moins grande selon l'époque du départ : nulle aux équinoxes, elle deviendra maximum aux solstices et tendra alors à rejeter le véhicule hors du plan de l'écliptique avec une vitesse d'éloignement d'environ cent quarante mètres par seconde.

Le remède à cette déviation consistera à partir, non de l'équateur même, mais d'un point de la sphère terrestre tel que la verticale de ce point fasse avec celle de l'équateur un angle convenable corrigeant la déviation. Il n'est pas possible d'indiquer ici la valeur d'un tel angle, essentiellement variable et qui devra être calculé pour chaque voyage suivant l'époque du départ et la vitesse à obtenir ; mais cet angle ne sera pas très grand (vingt minutes au maximum).

Une troisième et dernière déviation proviendra de ce que, la vitesse étant au début plus grande que la vitesse définitive, le véhicule sera rejeté hors de l'orbite calculée pendant quinze heures (indéfiniment, d'ailleurs ; mais après ce temps la déviation sera tout à fait négligeable). La déviation totale ne dépassera pas deux mille kilomètres. Le résultat de cette déviation serait de déplacer un peu le grand axe de l'orbite du véhicule. Il suffira de tenir compte de cet effet assez minime dans le calcul de la trajectoire du véhicule.

Ces diverses déviations pourront aussi, si besoin est, être corrigées par d'autres moyens. En cours de route, alors qu'on a la vitesse convenable, une petite vitesse de côté, que l'on annulera ensuite par une vitesse contraire, peut remettre le véhicule sur l'orbite calculée. Une augmentation de vitesse si on est en retard, une diminution si on est en avance, que l'on annulera au moment opportun, pourront régulariser la situation sans modifier sensiblement la route. La correction des déviations pourra donc toujours se faire avec peu ou point de force motrice. Elles ne seront donc pas un obstacle à la réalisation des voyages qui nous occupent.

———————

CHAPITRE V

LES ERREURS AU LANCEMENT

SOMMAIRE, — Erreur sur la *vitesse initiale*, Erreur sur le *moment du départ*, — Erreur sur la *direction*, —Moyens de s'apercevoir de ces erreurs et de les corriger. — *Perturbations* causées par la Lune, les grosses et les petites planètes.

Il faut compter maintenant que le lancement de l'appareil ne se fera pas sans erreurs, petites sans doute avec des précautions, mais néanmoins non négligeables. Ces erreurs pourront être de trois sortes :

1° Erreur sur la vitesse initiale ;
2° Erreur sur le moment du départ ;
3° Erreur sur la direction.

Je crois qu'en ce qui concerne la vitesse initiale l'erreur peut être renfermée dans les limites maxima de 200 mètres en plus ou en moins (1/60e). Il suffit pour cela de régler la charge au départ de manière à ce qu'elle donne la vitesse prévue le plus exactement possible. Cette erreur sera facile à corriger après le départ, dès que les voyageurs s'en apercevront. Et ils s'en apercevront, quelques heures seulement après le départ, par une observation aussi exacte que possible du disque terrestre.

Ils auront en leur possession des tables toutes calculées qui leur diront qu'à telle heure ils doivent voir la Terre sous tel angle ;

si l'angle est plus petit, c'est qu'ils auront marché trop vite ; s'il est trop grand, c'est que leur vitesse est insuffisante ; que pour tel angle, à tel moment, la vitesse est de tant, qu'elle devrait être de tant, par conséquent qu'il convient de l'augmenter ou de la diminuer de tant, etc.

Avec des instruments appropriés, ils pourront mesurer le disque terrestre à $1/10^e$ de seconde près. Or, pendant les premières heures, les deux orbites de la Terre et du véhicule se confondront sensiblement, comme le montre la figure 6, et, après la cinquième heure, l'angle des deux routes ne dépassera encore pas un quart de

Fig. 6. — Positions respectives de la Terre et du véhicule pendant les cinq premières heures.

degré. Au bout de ce temps la Terre sera éloignée de cinquante mille lieues environ, et sera vue sous un angle voisin de quatre degrés. Or, quatre degrés font 14.400 secondes. Les voyageurs pourraient donc apprécier la vitesse à moins d'un cent-millième près, et même, si les observations sont faites avant la fin de la troisième heure, alors que la Terre se verrait sous un angle de six à sept degrés, à moins d'un deux-cent-millième. Et comme cette appréciation doit porter sur la vitesse par rapport à la Terre, qui peut varier, suivant les voyages, entre trois mille et dix mille mètres, la vitesse pourrait être connue à quelques centimètres près.

Pour éviter les variations d'angle sous lesquelles on verrait la Terre pendant les mesures, par suite de son éloignement progressif, on pourrait en prendre des photographies instantanées et apprécier d'après ces photographies.

Après l'observation on ferait la correction. Il est probable que la nouvelle vitesse ne serait pas encore tout à fait exacte, et qu'une seconde correction appuyée sur de nouvelles observations, serait nécessaire. Cette seconde correction, faite plus tard, serait peut-être un peu moins précise ; un peu moins précise encore serait une troisième correction, si elle apparaissait comme indispensable. Néanmoins, en tout état de cause, je crois que la vitesse initiale peut être réglée à cinquante centimètres en plus ou en moins du chiffre qu'on se propose.

Quel inconvénient pourrait avoir une vitesse initiale trop grande ou trop petite de cinquante centimètres par seconde ? Si ces cinquante centimètres étaient en plus, cela n'aurait pas pour effet, comme on pourrait le croire, de faire retourner plus tôt le véhicule à son point de départ sur l'orbite terrestre. Il en résulterait au contraire un retard, parce que l'orbite du véhicule serait allongée. Le calcul démontre que, pour cet excès de vitesse, l'allongement du grand axe serait de 8,000 lieues environ pour une orbite calculée tangente à l'orbite de Mars. S'il ne s'agissait que d'un voyage d'observation, le retard au retour à la Terre serait de trois quarts d'heure environ.

Si l'orbite du véhicule était *sécante* à l'orbite terrestre, sous un angle important, ce retard de trois quarts d'heure pourrait être funeste, car le disque terrestre n'a que 3.200 lieues de diamètre, et dans trois quarts d'heure le véhicule ferait 18.900 lieues. Mais avec des orbites tangentes un tel retard, et même un retard de deux, trois, dix heures ne présenterait pas d'inconvénient sérieux, les deux orbites se confondant presque sur une longueur assez grande. Un retard de dix heures mettrait le véhicule à cent mille lieues de la Terre au temps marqué pour la rencontre, mais suivant la même route qu'elle et s'en rapprochant avec une vitesse croissante, de trois mille mètres environ au début dans le cas qui nous occupe ; et ainsi l'abordage serait simplement reculé de vingt heures ! Si le véhicule arrivait en avance de dix heures, ce serait plus grave, car la Terre marchant moins vite que le véhicule ne le rattraperait pas d'elle-même. Mais il suffirait que, arrivés sur l'orbite terrestre, les voyageurs diminuent, par une dépense convenable de force motrice, la vitesse du véhicule, en la rendant égale à celle de la Terre. Alors, naturellement, l'attraction de celle-ci diminuerait peu à peu cette vitesse et il tomberait sur la Terre en cinq jours environ.

Il serait facile de montrer que pour les voyages aux planètes autres que Mars, les effets d'un retard ou d'une avance au retour à la Terre seraient à peu près analogues. Remarquons d'ailleurs qu'en supposant dix heures de retard ou d'avance, c'est bien plus que le maximum dans lequel on peut facilement se renfermer, maximum que nous avons évalué à trois quarts d'heure pour Mars, qui serait un peu plus élevé pour Jupiter ou Saturne, mais qui certainement, dans les cas les plus défavorables, ne dépasserait pas deux ou trois heures.

C'est aussitôt que possible qu'il faudra rectifier la vitesse ; car après les premières heures, non seulement les observations seront moins exactes, mais elles seront rendues de plus en plus difficiles par suite de la divergence croissante des orbites de la Terre et du véhicule.

Une erreur sur le moment du départ peut être renfermée dans deux secondes de temps, pendant lesquelles la Terre tourne sur elle-même de trente secondes d'angle, à compter sur la vitesse définitive par rapport à la Terre, c'est-à-dire sur trois à douze mille mètres. La corde qui sous-tend un angle de trente secondes étant égale à 1/6.840^e du rayon, on pourrait donc s'écarter de l'orbite calculée, au plus, de 1/6.840e de cette vitesse, c'est-à-dire de deux mètres par seconde dans le cas le plus défavorable. Une petite vitesse de côté de même valeur peut corriger cette erreur. Pour la constater, les voyageurs n'auront qu'à fixer avec leur lunette le centre exact du disque terrestre. Si le mouvement du véhicule est rigoureusement zénithal, le point restera fixe dans le champ de la lunette. Si la route du véhicule s'écarte de la verticale d'un angle quelconque, le point se déplacera vers l'un des bords du champ de la lunette, dans une certaine direction, et avec une certaine vitesse.

De la mesure de ces diverses données, il sera facile de déduire rapidement, à l'aide de tables calculées à l'avance, le sens et l'importance de la déviation.

Chaque fois, par exemple, que le véhicule s'écartera de cent mètres de la ligne zénithale, l'objectif de la lunette, qui restera toujours parallèle à elle-même, s'écartera aussi de cent mètres sur le disque terrestre. Au bout de dix minutes ou six cents secondes, le déplacement, supposé d'un mètre par seconde, sera de six cents mètres, distance très appréciable sur un disque d'au moins trois degrés, grossi mille fois en diamètre par la lunette. Ces dix minutes d'observation suffiront donc pour déceler une déviation d'un mètre. Pour des déviations moins importantes, il suffirait de prolonger l'observation qui, portée à deux heures, permettrait d'apprécier une déviation de dix centimètres par seconde. Au surplus, n'arriverait-on qu'à une correction plus imparfaite que cela n'entraînerait pas de grands inconvénients ; le retour à la Terre n'en serait nullement affecté, et il se produirait simplement une déviation du grand axe de l'orbite du véhicule qui, pour un voyage à Mars, ne dépasserait pas huit mille lieues dans le cas d'une correction nulle ; c'est-à-dire qu'on arriverait sur l'orbite de Mars à huit mille lieues au plus du point indiqué par le calcul. Ce qui serait vraiment peu de chose, et ne gênerait guère ni un voyage d'observation, ni un voyage d'exploration.

L'erreur sur la direction peut se confondre avec la précédente, c'est-à-dire la compenser ou s'y ajouter. Elle ne sera jamais bien considérable, mais serait-elle de deux ou trois minutes d'angle (dix mètres au plus de déviation par seconde), qu'elle serait facile à corriger par les mêmes moyens.

Les autres mouvements de la Terre : précession des équinoxes, variation de l'obliquité de l'écliptique, nutation, variation de l'excentricité, rotation du périhélie, etc., ne peuvent produire que des déviations insignifiantes et par conséquent il n'y a pas lieu de s'en préoccuper.

Ce qui pourrait être plus sérieux, ce serait l'influence de la Lune, surtout si le véhicule doit passer à proximité. Il faudra, ou en tenir compte dans le calcul de l'orbite, ou indiquer aux voyageurs les manœuvres à faire pour en corriger les conséquences.

Il faudra aussi tenir compte des perturbations que les planètes pourront faire éprouver au véhicule, surtout de celles qui se trouveraient près de sa route. A ce propos, une question se pose : les petites planètes ne sont sans doute encore pas toutes découvertes. De plus, on ne connaît pour ainsi dire pas la masse de celles qui sont cataloguées. Ne doit-on pas craindre de la part de ces astres des perturbations, impossibles à corriger parce qu'impossibles à calculer ?

Je ne crois pas que les petites planètes constituent un danger véritable. La plupart d'entre elles, tout d'abord, ne seront, ni dans le plan de l'orbite du véhicule, ni même dans un plan voisin. Les autres, éparpillées dans une couronne de 30 quadrillions de lieues carrées, n'auront guère toutes ensemble qu'une chance sur deux ou trois cents d'approcher le véhicule à moins de cinq cent mille lieues. C'est dire qu'en général elles seront toutes trop loin pour produire un effet sensible. Et si même on en rasait une, supposée de 10 kilomètres de rayon et de même densité que la Terre, elle ne dévierait pas même le véhicule d'un centième de seconde, se traduisant par un écart de un kilomètre après cent millions de lieues de route.

———————

CHAPITRE VI

DÉPLACEMENT DE L'ORBITE ET SATELLISATION

SOMMAIRE, — *Satellisation et désatellisation.* — Comment on peut y procéder. — Dangers créés par la présence d'une atmosphère. — Mesure de ces dangers. — Problème de la hauteur des atmosphères planétaires. — Avantages de la satellisation et de la désatellisation. Elles peuvent raccourcir notablement certains voyages. Exemple : un voyage à Vénus.

S'ils disposent d'une suffisante quantité d'énergie, les voyageurs pourront procéder à la *satellisation* du véhicule autour de la planète visée, satellisation qu'ils obtiendront :

1° En s'approchant de la planète-but à une distance qu'ils fixeront, avant leur départ, suivant les possibilités, et de manière que le véhicule suive à un moment donné une route parallèle à celle de la planète, et de même sens.

2° A ce moment précis, en diminuant rapidement la vitesse du véhicule de manière à la rendre, d'hyperbolique par rapport à la planète, elliptique et même presque circulaire. Alors le véhicule sera devenu satellite de la planète, la suivra dans son cours et cela permettra aux voyageurs de l'observer tout à leur aise.

La première satellisation obtenue, rien de plus facile que de se rapprocher ou de s'éloigner de la planète, sans cesser de tourner autour d'elle, si on s'en trouve trop près ou si on s'en trouve trop loin. Pour se rapprocher, il suffit de diminuer un peu la vitesse, aux moments où l'on passe aux extrémités de l'axe de l'orbite ; pour s'éloigner, de l'augmenter un peu aux mêmes moments.

La désatellisation, opération inverse de la satellisation, peut être réalisée aussi facilement en ramenant la vitesse de translation à sa première valeur, au moment précis où la direction du véhicule est celle qu'on se propose de suivre.

Pour nous rendre compte de la dépense d'énergie que peuvent demander la satellisation et la désatellisation, prenons un exemple et supposons un voyage à Vénus (fig. 7) avec satellisation à mille kilomètres de sa surface. Je dis *mille* kilomètres, parce qu'une plus courte distance ne favoriserait pas, bien au contraire, l'observation de la planète : on passerait si vite qu'on n'aurait le temps de rien distinguer (voir note 7).

Nous partons du point T, Vénus étant en V_0, et nous comptons l'atteindre en quatre mois et demi en 1. Notre vitesse initiale est de 26.150 mètres, et lorsque nous arrivons au point 1, elle atteint, par suite du rapprochement du Soleil, 41.000 mètres environ. La vitesse de Vénus n'étant que de 35.000 mètres, il convient de nous régler à son allure pour la suivre, c'est-à-dire de diminuer notre vitesse de six mille mètres. Il convient, de plus, pour ne pas tomber sur elle, d'augmenter cette nouvelle vitesse de 6.632 mètres (chiffre représentant la vitesse circulaire à mille kilomètres de la surface de Vénus). Il semble donc que, cette augmentation et cette diminution devant se faire simultanément, il n'y ait, lorsque le véhicule passe en *n*, qu'à augmenter la vitesse de la différence, soit 500 mètres. Cependant les choses ne se passent pas tout à fait aussi simplement. L'attraction de Vénus, en effet, porte la vitesse à plus de 41.000 mètres (46.062 m,, c'est-à-dire une vitesse de 11.062 m, par rapport à la planète), qu'il faut réduire à 6.632 mètres, et par conséquent diminuer de 4.430 mètres.

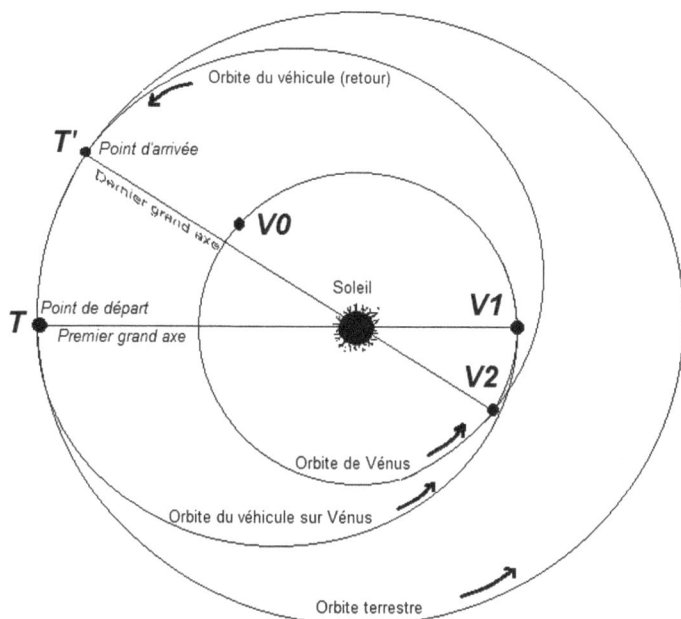

Fig. 7.— Voyage à Vénus.

Il faut cependant tenir compte de ce fait que, très probablement, nous n'arriverons pas, quelles que soient les précautions prises pour obtenir un lancement exact, et malgré les corrections faites dans les premières heures du voyage, à nous approcher de Vénus à mille kilomètres juste de sa surface. Nous arriverons en-deçà, ou au-delà. J'écarte l'hypothèse que le véhicule viendrait s'écraser sur la planète ; car si nos observations astronomiques nous faisaient craindre une telle éventualité, une vitesse de côté convenable corrigerait facilement la trajectoire dangereuse. Mais, je le répète, il ne faut pas compter sur l'exactitude absolue, et il convient de nous rendre compte si nous ne serions pas exposés à dépenser plus de force motrice que le calcul précédent n'en fait prévoir, à nous rendre compte si, au point de vue de la dépense de force motrice, nous n'aurions pas intérêt à satelliser plus loin ou plus près de la planète.

En supposant successivement des satellisations plus éloignées, nous trouvons que la quantité dont il faut diminuer la vitesse décroît jusqu'à un peu plus de deux rayons de la surface de Vénus, et qu'elle augmente ensuite. Mais la décroissance ou l'augmentation sont peu importantes, et au moins en ce qui concerne un voyage à Vénus, il est inutile de songer à une économie de force motrice, qui serait compensée par d'autres dépenses. Il faut simplement retenir que pour Vénus (pour d'autres planètes ce pourrait être différent), nous devrons satelliser le véhicule en deçà de deux rayons de distance de la surface de cette planète, restant entendu que si nous ne réussissions qu'à le satelliser plus loin, le seul inconvénient serait une dépense un peu plus grande de force motrice. Nous pourrions ensuite, par des diminutions ou des augmentations peu importantes de la vitesse, rapprocher ou éloigner la satellisation comme nous voudrons, même à moins de mille kilomètres si nous y trouvons un avantage. Le seul danger qu'il faudra éviter sera d'entrer dans l'atmosphère de la planète, qui réduirait la vitesse par son frottement, de manière à amener notre chute. Tout au moins ne faudra-t-il pas entrer dans des couches assez denses pour amener ce résultat. Ceci nous amène à étudier le problème de la hauteur des atmosphères planétaires.

Pour résoudre ce problème, considérons d'abord l'atmosphère terrestre.

Divisons-la par la pensée en n couches de poids égal. La pression de la première étant p, et sa hauteur h, la hauteur de la seconde, qui ne supportera que (n — 2) tranches, sera $\dfrac{h(n-1)}{n-2}$, celle de la troisième $\dfrac{h(n-1)}{n-3}$, et ainsi de suite, et celle de la dernière $\dfrac{h(n-1)}{n-n}$ ou $\dfrac{h(n-1)}{0}$. Il nous suffira d'additionner les hauteurs pour avoir la hauteur totale.

Mais nous ne pourrons faire ce total que pour les $(n-1)$ premières couches, la hauteur de la dernière, quotient d'une division par zéro, étant théoriquement infinie. Nous pouvons partager aussi cette dernière couche en n autres couches, dont la première aura précisément h pour hauteur. Il en résulte que les $(n-1)$ nouvelles couches auront la même hauteur totale que les $(n-1)$ couches de la première série, et il restera encore une dernière couche de hauteur infinie, que nous pourrons traiter de même, et ainsi de suite.

Il semblerait donc que l'atmosphère terrestre doive être sans limites. Cependant, deux circonstances limitent sa hauteur.

Tout d'abord, l'atmosphère terrestre participant au mouvement de rotation de la Terre, ne peut pas subsister plus loin que le lieu où la force centrifuge est égale à la pesanteur, c'est-à-dire celui où la rotation de l'atmosphère est égale à la vitesse circulaire. Si, en effet, elle s'est étendue autrefois plus loin, la partie située au-delà a été lancée dans l'espace. Ce lieu se trouve à 32.000 kilomètres environ de la surface de la Terre.

Mais si l'atmosphère terrestre n'avait été limitée que par ce lieu elle n'aurait depuis longtemps qu'une pression insignifiante ; elle aurait été, en effet, presque tout entière lancée dans l'espace, car constamment, par suite des mouvements même de la masse gazeuse, des parcelles auraient dépassé la limite. Puisque nous avons encore une atmosphère, dont même la pression est constante, c'est qu'il y a une autre limite, et celle-ci est *le lieu où la pesanteur des molécules est égale à leur pression*. Il s'agit donc, pour évaluer la hauteur de l'atmosphère, de déterminer ce lieu.

Pour cela, il nous faut considérer une seule couche de molécules, et comme nous ne connaissons pas les dimensions de ces éléments, nous devrons tabler sur une hypothèse. Cela, on va le voir, n'empêchera pas notre solution d'être intéressante. Admettons donc, ce qui est vraisemblable, que le diamètre des molécules d'air soit de un milliardième de millimètre, et qu'à la pression ordinaire elles soient séparées par des intervalles décuples. Dans un centimètre cube à la pression ordinaire, pesant 1 ^{mg} 3, il y aura cent millions de couches, dont chacune pèsera 13 milliardièmes de milligramme, et développera 1 kilogramme de pression. Le rapport de la pression d'une couche à son poids sera donc égal à 77 trillions.

A la limite de l'atmosphère, le poids est égal à la pression, et le rapport précédent ramené à l'unité.

J'ai montré que nous pouvions calculer la hauteur des (n — 1) premières couches de l'atmosphère, en faisant le total des hauteurs de chacune d'elles ; j'ai montré aussi que la hauteur de ces (n — 1) premières couches est aussi la hauteur de (n — 1) autres couches formant la plus grande partie de la dernière, et ainsi de suite. Pour résoudre notre problème, il suffira donc de rechercher combien de hauteurs semblables se succèdent jusqu'à ce que le rapport de la pression au poids de chaque couche de molécules soit ramené à l'unité.

A la première hauteur, la pression sera divisée par (n — 1) ; mais, comme les molécules seront plus écartées, le poids sera divisé par la racine cubique de (n — 1)^{2}. En définitive, le rapport de la pression au poids sera divisé par la racine cubique de (n — 1). A la seconde hauteur il en sera de même, et aussi à toutes les autres hauteurs. Nous aurons donc le nombre de ces hauteurs en exponentant (voir note 8) le rapport 77 trillions par la racine cubique de (n — 1), de manière à le ramener à l'unité, et la hauteur totale de l'atmosphère en multipliant la valeur de chaque hauteur par le résultat de l'exponentiation.

Faisons, par exemple, n=101. Calculons d'abord la première hauteur. Le poids de la première couche sera, par centimètre carré, de 1.033 ^{gr} : 101=10 ^{gr} 227 ; à la pression ordinaire, le poids du litre d'air étant 1 ^{gr} 293, elle occupera un volume de 7 ^{1} 9, c'est-à-dire que sa hauteur sera de 79 mètres.

La hauteur de la seconde couche sera $\dfrac{79^m \times 100}{99}$, la hauteur de la troisième $\dfrac{79^m \times 100}{98}$, la hauteur de la quatrième $\dfrac{79^m \times 100}{97}$, etc. L'addition de tous ces produits donne pour la première hauteur 41,552 ^{m} 17.

D'autre part, 77 trillions exponenté par la racine cubique de 100 sera divisé par 100 au bout de trois opérations, par un million au bout de neuf opérations, et il sera ramené à l'unité au bout de dix-huit opérations (exactement 20,72). La hauteur totale de l'atmosphère terrestre est donc :

$$41^{km}55217 \times 20,72 = 860^{km}961^{m.} \quad ,$$

dans l'hypothèse que le diamètre des molécules d'air est de un milliardième de millimètre.

Si elles sont dix fois plus grandes en diamètre, elles sont cent fois moins nombreuses dans la surface, mais mille fois plus pesantes individuellement. En conséquence, les couches successives de molécules sont dix fois plus pesantes. Le rapport de la pression des molécules à leur poids sera dix fois plus petit, et par conséquent l'évaluation que nous ferons de la hauteur sera un peu moindre.

Nous ne pouvons supposer aux molécules d'air des dimensions qui les rendraient visibles au moyen des instruments d'optique — les molécules d'aucun corps n'étant, en fait pas même visibles à l'ultra-microscope —, c'est-à-dire plus d'un millionième de millimètre. En leur supposant cette dimension, le rapport de la pression des molécules à leur poids serait, à la surface de la Terre, seulement égal à 77 milliards, le résultat de l'exponentiation s'abaisserait à 16,2 et le chiffre que nous trouverions pour la hauteur de l'atmosphère serait :

$$41^{km}55217 \times 16,2 = 673^{km}145^{m.}$$

Enfin, il faudrait supposer les molécules d'air mille fois plus petites en diamètre pour que la hauteur de l'atmosphère approche de mille kilomètres. Je crois donc pouvoir dire avec certitude que l'atmosphère terrestre a sûrement plus de sept cents et moins de mille kilomètres de hauteur.

Mais pratiquement on peut admettre qu'à partir de deux cents kilomètres l'atmosphère ne peut être dangereuse pour des voyageurs venus de l'espace et qui voudraient momentanément y satelliser leur véhicule. En effet, la pression n'y dépasserait pas un dix-milliardième d'atmosphère. La résistance de l'air ferait perdre à notre véhicule, supposé lancé près de la surface du sol, 1/500ᵉ de sa vitesse par mètre de course. A la hauteur de deux cents kilomètres, il faudrait dix millions de kilomètres de course et un million de secondes ou douze jours, au moins, pour que le même effet se produise. On pourrait donc satelliser sans inconvénient le véhicule à cette hauteur, d'autant plus qu'il serait facile d'entretenir le mouvement, avec peu de dépense d'énergie.

Le problème de la hauteur de l'atmosphère étant ainsi résolu en ce qui concerne la Terre, au moins d'une manière suffisante, je vais essayer de la résoudre à l'égard des autres planètes.

Envisageons d'abord le cas d'une planète ayant la même force d'attraction que la Terre, mais qui serait pourvue d'une atmosphère raréfiée.

Il est évident que ce serait comme si l'atmosphère terrestre était privée de ses couches inférieures . Une atmosphère cent fois plus raréfiée n'aurait donc que quarante-et-un kilomètres de moins, et si elle était dix mille fois plus raréfiée quatre-vingt-trois kilomètres seulement de moins que notre atmosphère. La densité d'une atmosphère influe donc peu sur sa hauteur.

Supposons maintenant que le poids, ou plutôt la masse de l'atmosphère soit la même par centimètre carré, mais que la puissance d'attraction de l'astre soit moindre.

Pour fixer les idées, prenons pour exemple un astre dix fois plus petit en diamètre que la Terre, mille fois moindre en volume et en masse, qui par conséquent aura une puissance d'attraction dix fois moindre A LA SURFACE : il en résultera que les diverses couches de son atmosphère, dix fois moins lourde quoique de même masse, occuperont chacune un volume dix fois plus considérable, par conséquent une hauteur décuple.

D'autre part, le rapport entre le poids des molécules et leur pression à la surface restera le même, puisque ces deux nombres sont tous les deux devenus dix fois moindres. L'atmosphère de cet astre sera donc dix fois plus haute que l'atmosphère terrestre, et même plus, car je n'ai jusqu'ici pas fait entrer dans mes calculs l'élargissement des couches causé par l'éloignement du centre, ni la décroissance progressive de l'intensité de la pesanteur. Ces facteurs, cependant, qui sont peu importants pour le calcul de l'atmosphère terrestre, deviennent d'autant plus importants que l'astre considéré est plus petit. D'ailleurs nous venons de voir que la rareté d'une atmosphère ne modifie pas considérablement sa hauteur. Je puis donc dire d'une manière générale que, toutes autres choses égales, la hauteur des atmosphères planétaires est à peu près en raison inverse de la puissance attractive des astres qu'elles enveloppent. C'est sans doute pour cela que les comètes, astres très petits, présentent des atmosphères extrêmement volumineuses.

Revenons à nos manœuvres de satellisation. Après une observation prolongée autant qu'on voudra de Vénus (pour reprendre l'exemple cité plus haut), la désatellisation se produira tout naturellement, au moment opportun, par une augmentation de 4.430 mètres de la nouvelle vitesse, ce qui lui fera suivre une orbite tangente (ou à peu près) à l'orbite de Vénus, semblable à celle qu'elle aurait suivie s'il n'y avait pas eu satellisation, mais partant d'un autre point et, naturellement, aboutissant à un autre point de l'orbite terrestre. La satellisation produit donc le *déplacement de l'orbite* du véhicule.

La satellisation présente de notables avantages. Non seulement elle permet l'observation prolongée, à courte distance, d'une planète sur laquelle on ne pourrait aborder ; ensuite, nous le verrons bientôt, au cas où l'on voudrait aborder, elle faciliterait l'abordage en permettant le choix du moment et même du lieu de descente ; enfin, pour les planètes inférieures, elle peut réduire très notablement la durée du voyage.

Nous avons vu que pour effectuer un voyage d'observation à Vénus, il nous faudrait employer une orbite de neuf mois, et que le retour à la Terre ne pourrait se faire qu'après quatre révolutions, c'est-à-dire au bout de trois ans. Il ne suffit pas que l'on reviennent sur l'orbite terrestre, il faut aussi y rencontrer la Terre. Or, supposons que nous partions du point T (fig. 7), et que nous atteignions Vénus, au bout de quatre mois et demi, en V_1. Là, nous satellisons le véhicule, et nous accompagnons Vénus dans sa course autour du Soleil. Lorsque la Terre est revenue en T ; au bout d'un an, nous avons parcouru l'orbite de Vénus à peu près en entier, nous sommes donc revenus en V_1. Continuons à parcourir cette orbite jusqu'en V_2, ce qui nous demandera environ six mois. Si à ce moment nous procédons à la désatellisation, nous mettrons quatre mois et demi pour retourner à l'orbite terrestre, que nous toucherons en T', à peu près au moment où la Terre arrivera en ce point. Le voyage aura duré vingt-deux mois et demi.

Un voyage à Mercure pourrait s'effectuer en huit mois et demi seulement, avec satellisation pendant un mois et demi. L'observation serait certainement plus sérieuse qu'avec l'orbite de six mois, et on reverrait la Terre trois mois et demi plus tôt. Sans compter qu'on n'aurait pas besoin de s'approcher à sept millions de lieues du Soleil.

Pour les planètes supérieures, la satellisation pourra se faire de la même manière, seulement, au moment opportun, il faudra augmenter la vitesse au lieu de la diminuer. La dépense de force motrice ne sera pas excessive, si la satellisation est rétrograde. La désatellisation s'opérera par une augmentation de la nouvelle vitesse. Mais la satellisation, pour les planètes supérieures, augmentera *toujours* plus ou moins la durée du voyage. Pour Mars, l'augmentation serait d'un mois environ, et le voyage durerait vingt cinq-mois.

La satellisation et la désatellisation prendraient, nous venons de le voir, pour le cas de Vénus, environ dix mille mètres de vitesse. Elles demanderaient, pour Mercure, y compris l'énergie nécessaire à corriger les premiers résultats, de quinze à seize mille mètres ; pour Mars, huit mille mètres ; pour Jupiter, quarante mille mètres ; pour Saturne, vingt-trois mille mètres.

———————

CHAPITRE VII

ABORDAGE DES PLANETES
ET RETOUR A LA TERRE

SOMMAIRE. — Efficacité de la présence d'une atmosphère pour *atténuer* les chocs et contribuer à les rendre *inoffensifs*. — Idées fausses que l'on se fait sur la rapidité des chutes. — Le danger d'*échauffement* dans la traversée d'une atmosphère. Il est *chimérique*. — Le retour à la terre. Inconvénients d'une arrivée inexacte. Moyens d'y parer. Même en cas de grande inexactitude, il n'y aurait pas catastrophe. — Encore le moteur à chaleur solaire. Nouvelle disposition à effet *certain*. — Les dépenses d'énergie pour les principaux buts. — Principe d'un *appareil amortisseur* pratique et efficace.

Je vais maintenant traiter des moyens d'aborder une planète (ou la Terre au retour), sans exposer la vie ou la santé des voyageurs. On verra que la question est plus facile à résoudre qu'on ne pourrait croire au premier abord.

Disons tout d'abord qu'on ne pourra pas descendre sur toutes les planètes. D'une part, un abordage direct serait plus que dangereux, sur une planète dépourvue d'atmosphère, si elle était aussi grosse ou plus grosse que la Terre. Là on arriverait avec une vitesse qui ne serait pas moindre de onze mille mètres par seconde. Ce serait un écrasement, un choc qu'aucun appareil ne pourrait amortir suffisamment. Enrayer la chute par une dépense d'énergie ne serait faisable que si on en avait une quantité considérable, et ce serait en tout cas une manœuvre difficile et pleine de périls. Il est vrai que les grosses planètes dépourvues d'atmosphère sont plutôt l'exception dans le monde solaire. D'autre part, nous ne pourrions songer à aborder une planète dont la température serait trop élevée et atteindrait seulement cent ou cent cinquante degrés centigrades à la surface. Ce doit être, autant que nous pouvons en juger d'ici, le cas de Jupiter ; sa faible densité, les variations fréquentes et considérables de son aspect en sont des indices sinon certains, du moins très probables.

Mais nous pourrons aborder, pourvu que nous disposions, le départ, la satellisation et la désatellisation assurés, d'un assez minime excédent d'énergie, toutes les petites planètes, même dépourvues d'atmosphère, et toutes les planètes grosses et demi-grosses qui seront pourvues d'une atmosphère sensible et dont la température ne dépassera pas 50° centigrades à la surface ; on pourra aborder ces planètes, même si leur atmosphère n'est pas respirable.

Avec une atmosphère un peu sérieuse, en effet, l'abordage devient facile et sans danger. On ne s'imagine pas le matelas que peut constituer une atmosphère pour atténuer les chutes.

Avant de montrer qu'avec une atmosphère une chute, même commencée en grande vitesse, pourrait se terminer par un choc très supportable, je dirai que, dans ma pensée, l'abordage devra se faire au moyen du petit véhicule dont j'ai parlé au chapitre II. Ce petit véhicule, vingt fois moins lourd que le grand, serait vingt fois plus maniable et demanderait vingt fois moins de force motrice.

Les voyageurs pourront procéder de la manière suivante. Ils satelliseront d'abord le grand véhicule à une distance convenable de la planète, assez grande pour que l'atmosphère ne puisse modifier sensiblement son mouvement, assez petite pour que, l'abordage effectué, ils puissent l'apercevoir avec leurs lunettes. Ils détacherons ensuite le petit véhicule, ou le construiront avec les matériaux préparés à cet effet. Ils prendront place dedans, après l'avoir muni de tout ce qui doit leur être utile : vivres, meubles, livres, instruments divers, etc. Alors il leur suffira de diminuer leur vitesse par une vitesse contraire, de manière à la rendre moindre que la vitesse circulaire. Le petit véhicule s'écartera ainsi peu à peu du grand, que les voyageurs abandonneront momentanément (sans crainte, d'ailleurs, personne ne le leur volera). Il descendra aussi peu à peu vers le sol. Arrivé dans l'atmosphère de la planète, il sera de plus en plus retardé dans son mouvement et sa trajectoire, d'abord presque parallèle au sol, se rapprochera de plus en plus de la verticale. Enfin il s'abattra sur le sol (ou sur une surface liquide ; ce ne serait d'ailleurs une complication que si cette éventualité n'avait pas été prévue), il s'abattra, dis-je, sur le sol. Nous verrons tout à l'heure dans quelles conditions.

Pour évaluer *grosso modo* la dépense de force motrice que pourra demander un abordage semblable, supposons encore un voyage à Vénus. La vitesse circulaire à 200 kilomètres de cet astre étant d'environ 7.000 mètres, et la satellisation réalisée avec une vitesse dépassant de très peu ce chiffre, il faudra dépenser très peu de force motrice pour la descente : tout au plus 200 mètres de vitesse si l'abordage se faisait au moyen du grand véhicule, par conséquent 10 à 20 mètres au plus s'il se fait avec le petit. Mais il faut aussi songer au retour. Pour cela il faudra : 1° enlever l'appareil à 200 kilomètres de hauteur (2.000 mètres de vitesse pour le grand véhicule , 100 à 200 mètres seulement pour le petit) ; 2° le satelliser (7.000 mètres de vitesse pour le grand véhicule, 350 à 500 mètres seulement pour le petit). Enfin il faut compter quelques imprévus, quelques manœuvres, un peu de force motrice dépensée dans des excursions à la surface du sol, pour employer l'appareil comme chariot automobile ou comme canot. Au total, l'abordage pourrait être entrepris, en employant le petit véhicule, avec la force motrice capable de donner au grand une vitesse de mille mètres ; si la force motrice est fournie par le fulmicoton, le petit véhicule devra en emporter quinze à vingt fois son poids.

Le grand véhicule ne sera pas difficile à rattraper. Si on s'est élevé dans l'atmosphère à l'heure de son passage, ce qui est facile, on s'en trouvera à quelques dizaines de lieues au plus, et comme, par suite de la satellisation du petit véhicule, celui-ci sera animé de la même vitesse, cette distance se conservera d'elle-même. Les voyageurs, au moyen de leurs lunettes, le découvriront facilement. En augmentant la vitesse du petit véhicule de quelques mètres s'ils sont en arrière, en la diminuant de la même quantité s'ils sont en avant, ils l'approcheront en moins d'une heure à quelques dizaines de mètres près. Si à ce moment il rééqualisent les deux vitesses, de très minimes dépenses d'énergie, même leur simple attraction mutuelle, suffiront à amener la conjonction des deux appareils en quelques minutes (voir note 9). Je pense qu'il ne sera pas difficile de passer de l'un dans l'autre.

Lorsque les voyageurs sortiront de l'un quelconque des véhicules en mouvement, ils feront bien de s'y tenir toujours attachés par un lien quelconque, ne serait-ce qu'une simple cordelette ; non qu'ils aient à craindre une chute dans l'espace ; mais il ne faut pas oublier que l'attraction de leur véhicule ne les retiendra guère, et si un faux mouvement les en écartait seulement d'un ou deux mètres, il leur serait très difficile de le rejoindre, faute de point d'appui. Il faudrait qu'ils soient secourus par leurs camarades restés dans l'appareil, ou attendre que l'attraction de celui-ci, leur imprimant une accélération voisine d'un millième de millimètre par seconde (!), les ait suffisamment rapprochés. Un tel accident serait, on en conviendra, fort gênant.

Examinons maintenant les conditions dans lesquelles se fera la chute.

Supposons un obus ordinaire de 350 millimètres, pesant 800 kilogrammes. Supposons encore que cet obus vienne de l'infini et arrive dans notre atmosphère avec la vitesse maximum de notre véhicule, soit seize mille mètres par seconde. La balistique nous apprend qu'un tel obus arriverait au sol avec sa vitesse réduite d'au moins un cinquième par suite de la résistance de l'air.

Si l'obus développait cinq fois plus de surface, cette résistance serait quintuplée et, théoriquement, il arriverait au sol avec une vitesse nulle.

En réalité, il garderait une certaine vitesse, son mouvement, d'abord retardé suivant une certaine loi, devenant uniforme dès que la résistance de l'air deviendrait égale à son poids.

Dans le cas de l'obus, le poids est de 850 grammes environ par centimètre carré. Pour qu'il prenne un mouvement uniforme dans les basses couches de l'atmosphère, avant d'arriver au sol, il faudrait qu'il ne pèse pas plus de 170 grammes par centimètre carré.

Notre véhicule, en arrivant dans une atmosphère, se comportera comme l'obus, avec la différence qu'il sera plus léger. Il pourra, en effet, facilement être établi à raison de 50 grammes par mètre carré. De plus, on peut le munir de quatre ailes se relevant automatiquement qui en quintupleront la surface et réduiront son poids à 10 grammes par centimètre carré ou 100 kilogrammes par mètre carré (fig. 9). Or nous savons : 1° qu'un corps marchant dans les couches inférieures de notre atmosphère avec une vitesse de un mètre par seconde subit de la part de cette atmosphère une pression de 80 grammes par mètre carré ; 2° que la résistance de l'air est proportionnelle au carré de la vitesse. La vitesse de notre véhicule, arrivant dans l'atmosphère terrestre, deviendrait donc uniforme avant d'arriver au sol et elle serait alors réduite à :

$$\sqrt{\frac{100^{kgs}}{0^{kg}080}} = 35 \ mètres \ environ$$

Cette vitesse est à peu près celle d'un train express en pleine marche, c'est aussi celle d'une masse qui tomberait de cinquante mètres de hauteur. Le choc serait rude sans doute, s'il était impossible de l'atténuer. Mais, même dans ce cas, il serait supportable. Il ne faut pas se laisser hypnotiser par les chiffres. On se figure aisément qu'une chute de 50 mètres est dix fois plus rapide qu'une chute de 5 mètres, alors qu'elle ne l'est que trois fois. D'autre part, une chute semblable n'est pas mortelle pour des voyageurs qui l'ont prévue et qui l'attendent de sang-froid. On a vu des chèvres sauvages sauter de plus de cent mètres de hauteur sans se blesser. Tous les aviateurs qui tombent de cette hauteur ne se tuent pas, ce qui prouve bien que c'est moins la hauteur que la manière dont on tombe qui fait le danger d'une chute. Enfin, je ferai remarquer combien il y a loin d'une chute semblable à ce que l'esprit se figure lorsqu'il imagine une chute de plusieurs centaines de milliers de kilomètres ! Néanmoins je conviens qu'un abordage aussi rapide serait pour le moins fort désagréable et par conséquent indésirable.

Mais une vitesse de 35 mètres par seconde n'est pas de celles qu'on ne peut amortir. Le petit véhicule, seul employé pour les abordages, peut être muni d'un appareil amortisseur puissant.

Ce qui est insupportable ou désagréable, en somme, dans un choc, c'est l'accélération de retard énorme à laquelle il soumet le corps. La vitesse acquise ne s'annule jamais instantanément. Un homme tombant de deux mètres de hauteur ne se fait pas grand mal, même s'il tombe autrement que sur ses pieds, sur la tête par exemple. Si celle-ci s'enfonce de cinq millimètres dans le sol, sa vitesse de 6 mètres environ se trouvera annihilée dans cet espace, et l'accélération de retard qu'il subira sera de 3.600 mètres (suivant la formule $\gamma = \dfrac{v^2}{2e}$. Une telle accélération, évidemment désagréable, est donc au moins supportable. Encore plus supportable est celle du clown qui tombe de 20 mètres de hauteur dans un filet. Ce filet fléchit sous son poids de 2 mètres environ, et comme la vitesse d'arrivée est de 20 mètres, l'accélération de retard du clown n'est que de :

$20^2 / 4 = 100 \, mètres.$

Eh bien ! Si nous nous arrangeons de manière à ce que la vitesse de notre véhicule s'annule en 5 mètres d'espace, celui-ci n'arrivant qu'avec une vitesse de 35 mètres, l'accélération de choc sera de :

$35^2 / 10 = 122 \, m \, 50$

c'est-à-dire guère supérieure à celle du clown. C'est celle qu'on éprouverait en tombant de 15 centimètres de hauteur sur de la terre un peu dure.

Très bien, dira-t-on, pour l'abordage de la Terre ou celui d'une planète dont l'atmosphère serait plus dense que la nôtre. Mais si l'atmosphère dans laquelle on pénètre est moins dense ?

Si l'atmosphère est moins dense, dirai-je, le choc en sol dur serait plus rude ; mais on pourrait alors aborder sur une nappe liquide, à moins que la planète en soit dépourvue ; n'oublions pas que, grâce à la satellisation, les voyageurs pourront choisir le lieu d'abordage. Or, si nous supposons la vitesse d'arrivée au sol de 300 mètres, une surface liquide annulera cette vitesse en 60 mètres environ, et l'accélération de retard, encore très supportable, ne serait que de :

$$300^2 / 120 = 750 \text{ mètres.}$$

D'autre part, la vitesse d'arrivée de 300 mètres ne sera jamais dépassée. En effet, le véhicule pourra toujours, dans le cas le plus défavorable qui serait une planète de la grosseur de la Terre totalement dépourvue d'atmosphère, être satellisé préalablement au plus près, c'est-à-dire à la hauteur minimum où il n'aurait pas à craindre de rencontrer une montagne (quatre à cinq mille mètres d'altitude). Il ne tomberait donc que de cette hauteur, et la vitesse d'arrivée au sol ne dépasserait pas les susdits 300 mètres. Même on pourrait descendre sur un plateau, de deux ou trois cents mètres seulement, et alors la vitesse d'arrivée ne dépasserait pas cent mètres.

J'ai dit : *le cas le plus défavorable*, car il n'est pas de planète solaire grosse comme la Terre, ou plus, qui ne possède une atmosphère assez dense ; les planètes dépourvues ou à peu près d'atmosphère sont toutes très petites, et la faiblesse de leur force gravifique diminue considérablement la vitesse d'arrivée. C'est ainsi qu'en satellisant le véhicule à 7.000cmètres de la surface des « mers » de la Lune, la destruction de sa vitesse le ferait aborder avec 80 mètres seulement de vitesse, donnant avec l'amortisseur une accélération de choc de 640 mètres (celle qu'on éprouverait en tombant de 45 centimètres de hauteur sur un sol où l'on s'enfoncerait de 5 millimètres, ou de 8 centimètres de hauteur sur un sol dur).

Enfin, si on n'est pas encore rassuré, on aurait encore la ressource d'employer ce que j'appellerai des *boîtes à chute*, caisses capitonnées ayant intérieurement la forme exacte du corps des voyageurs. Quelques minutes avant le choc, ils se coucheraient dans ces boîtes, et le choc, réparti ainsi sur toute la surface du corps, deviendrait presque insensible.

On voit qu'il y a loin de la réalité à la chute épouvantable que l'on se figure naturellement à première vue, et que l'abordage d'une planète ne présente, en somme, aucune difficulté sérieuse.

Maintenant, on me fera peut-être une objection : si, dira-t-on, vous entrez dans une atmosphère avec une vitesse qui peut aller jusqu'à seize mille mètres par seconde, n'est-il pas à craindre que le frottement de cette atmosphère contre les parois du véhicule n'échauffe celui-ci d'une manière insupportable ? Et si, comme le prétend la thermodynamique, la puissance vive du véhicule se transforme en chaleur, ne serait-ce pas encore pire ?

C'est là un danger chimérique. D'une part, toute la puissance vive du véhicule ne peut pas se transformer en chaleur : car la plus grande partie sera employée à mouvoir les molécules d'air ; d'autre part, cette puissance vive, relativement aux calories qu'elle pourrait produire, en fournirait beaucoup moins que ne l'indique la mécanique, à cause de la confusion qu'elle fait des diverses résistances dans ses définitions du travail mécanique et de l'unité de travail (voir *Les erreurs de la science contemporaine*, page 33). Un exemple fera voir combien il y a de différence sur ce point entre la réalité et la théorie.

Je lis dans l'*Astronomie populaire* de M. Flammarion (p. 660) :

« En supposant qu'un bolide de 1 décimètre de rayon, de densité égale à 3,5 entre dans l'atmosphère avec une vitesse de 50.000 mètres par seconde, on trouve qu'il développe subitement une chaleur égale à 4.397.000 calories... »

Et nous pourrions continuer : ce bolide pesant 14 kilogrammes, et sa chaleur spécifique étant supposée moyenne, c'est-à-dire 0,5, cette chaleur élèverait subitement sa température à 628.000 degrés ! On peut ainsi se demander comment des bolides, ou des fragments de bolides, peuvent arriver sur la Terre autrement qu'en vapeur impalpable. Or, il en arrive, et si leur surface est plus ou moins vitrifiée, l'intérieur ne paraît pas s'être échauffé sensiblement. Remarquons maintenant que le même auteur évalue la vitesse des bolides à au moins 42.000 mètres par seconde, et que, pour notre véhicule, il s'agit d'une vitesse beaucoup moindre.

De combien s'échauffe, par le frottement contre les couches atmosphériques, l'obus lancé avec une vitesse de 900 mètres par seconde ? Peu sans doute, car il contient un explosif que la chaleur dégagée ne décompose pas ; et cependant ses parois sont bonnes conductrices de la chaleur.

Et même, qui n'a pas remarqué que plus on va vite dans l'atmosphère, plus il fait froid ? Ceux qui en douteraient n'ont qu'à mettre le nez à la portière d'un wagon ou à voyager en automobile pour en être convaincus.

Il est vrai que cela peut changer pour les vitesses plus grandes ; et même cela doit changer, puisque les météorites s'échauffent. Mais notre véhicule n'aura à subir aucun échauffement notable : d'abord parce qu'une très petite partie de sa puissance vive sera susceptible de se transformer en chaleur, et que la totalité de cette puissance vive sera bien moindre que ne le prétend la mécanique ; ensuite parce que, grâce aux satellisations progressives, il perdra la plus grande partie de sa vitesse peu à peu, en un temps assez long, dans les hautes couches de l'atmosphère, et que la chaleur produite aura tout le temps qu'il lui faudra pour se perdre dans le rayonnement.

Une autre objection. On m'a dit : pour le départ de la Terre, avec de bons calculs et quelque précaution, on arrivera à composer au véhicule une orbite assez exacte pour assurer le retour à la Terre, dans le cas d'un voyage d'observation, sans satellisation. Mais la satellisation rompt cette orbite. Est-il sûr que les voyageurs pourront procéder à la désatellisation avec assez d'exactitude pour assurer le retour à l'orbite terrestre dans de bonnes conditions et en temps voulu ?

On ne peut pas compter que la satellisation s'opérera, en général dans un plan de l'orbite primitive. Selon qu'on sera arrivé plus haut ou plus bas, par rapport à la planète, qu'il n'était prévu, l'orbite du véhicule satellisé sera plus ou moins inclinée sur la première. Mais le véhicule repassera périodiquement dans une position favorable au retour, et les voyageurs la reconnaîtront à ce que leur course, tangente à l'orbite de la planète, sera exactement perpendiculaire à la direction du Soleil. Le moment exact sera facile à déterminer. Ce sera celui où on passera le plus près du milieu du cône d'ombre. Les révolutions successives du véhicule ne durant pas plus de deux heures, il ne faudra pas beaucoup de temps pour mesurer la durée de la nuit et son milieu exact. La désatellisation pourra donc se faire avec une très grande exactitude, qui sera encore accrue par des corrections : 1° correction de la vitesse par l'observation du disque de la planète, pendant les premières heures ; 2° correction de la direction par l'observation d'une étoile que l'on saura être dans la direction convenable. Cette étoile ne devra pas se déplacer sensiblement dans le champ de la lunette. Si elle se déplace dans ce champ, on déduira de son mouvement apparent la correction à faire.

Néanmoins, l'exactitude ne pourra pas être absolue. Par suite même de la satellisation, le moment du départ ne sera pas, en général, exactement celui qu'il faudrait, et on pourra être en retard ou en avance de la moitié de la durée de la révolution du véhicule, soit une heure (au maximum) si cette révolution dure deux heures. Je crois que le retour pourra s'effectuer à moins d'un jour de distance sur les prévisions. A un jour d'erreur, on se trouverait à moins de cent mille lieues de la Terre, et l'attraction terrestre suffirait à amener la conjonction, si on était en avant pour le retour d'une planète inférieure, si on était en arrière pour le retour d'une planète supérieure. Dans le cas contraire il faudrait augmenter ou diminuer, selon le cas, la vitesse du véhicule, par conséquent dépenser de l'énergie. La situation serait encore plus grave si, par suite de circonstances malheureuses, l'erreur était de plus d'un jour. Mais ce serait seulement un contretemps fâcheux. Ce ne pourrait être une catastrophe que si les voyageurs manquaient de provisions ou de force motrice. Or, rien de plus facile à conjurer que la famine : il suffit d'avoir prévu le cas et d'emporter des vivres pour six ou huit mois en sus. Ce ne serait pas une grande surcharge. Il serait plus encombrant et plus difficile d'emporter un supplément sérieux de force motrice. Heureusement les voyageurs pourront en recueillir dans l'espace une quantité illimitée.

J'ai parlé au chapitre VII d'un moteur à chaleur solaire. Un miroir concave concentre la chaleur du soleil sur une chaudière contenant de l'alcool éthylique ou du toluène. Ce liquide se vaporise, et sa vapeur s'écoule, au moyen d'un tube mobile, dans un réservoir bien abrité des rayons du Soleil où elle se refroidit et se condense. Il en résulte un jet de vapeur tout à fait analogue à celui qui s'échappe de la fusée volante, quoique beaucoup moins puissant. Nous avons vu qu'avec un miroir de 30 mètres de diamètre on obtiendrait, sur un véhicule de trente tonnes, une poussée accélératrice d'au moins 16 millimètres par seconde. Et comme d'une part, le grand véhicule, au moment du retour sur l'orbite terrestre, ne pèsera plus que vingt tonnes ; que, d'autre part, quatre millimètres d'accélération suffiraient largement, on pourrait se contenter d'un miroir de 12 mètres de diamètre.

Imaginons maintenant que, ayant à notre disposition ce moteur à chaleur solaire, nous arrivions sur l'orbite terrestre, revenant de Vénus, un mois en retard. Nous serons à quatre-vingt millions de kilomètres de la Terre, et comme notre vitesse sera moindre de 3 kilomètres environ, cette distance ne fera que s'accroître ; et, peu après, nous reviendrons vers l'orbite de Vénus, pour revenir à l'orbite terrestre sans y rencontrer la Terre, et ainsi de suite.

Avec le moteur à chaleur solaire donnant 4 millimètres de vitesse par seconde, nous pourrions : 1° nous maintenir sur l'orbite terrestre, par une accélération contre-solaire de moins d'un millimètre ; 2° avec l'excédent, soit 3 millimètres par seconde, augmenter la vitesse. En un jour, on l'augmenterait de près de trois cents mètres. En dix jours, elle deviendrait égale à celle de la Terre. En quarante jours, elle la surpasserait de 9.000 mètres, et la distance à regagner serait réduite à 70 millions de kilomètres. En laissant ensuite la vitesse à ce chiffre, la conjonction s'opérerait quatre-vingt jours après. Le retard aurait donc simplement allongé le voyage de cinq mois.

Le moteur à chaleur solaire assure donc les voyageurs contre toute éventualité fâcheuse. Je n'en ai pas fait état pour le départ de la Terre, parce que s'il est susceptible de fournir une quantité indéfinie d'énergie, il ne peut la fournir que lentement, et ne peut produire les accélérations rapides exigées par des ascensions. Mais il peut suffire à toutes les petites dépenses d'énergie nécessitées par la direction, ainsi qu'à toutes celles qui peuvent être obtenues lentement sans inconvénient, par exemple la satellisation. Avec lui, les voyageurs n'auront à emporter que l'énergie nécessaire au premier lancement et à la désatellisation, celle nécessitée par le départ de la planète-but après son exploration, et la satellisation du petit véhicule après cette ascension. Cependant je ferai remarquer que le moteur à chaleur solaire ne pourrait être utile au-delà de l'orbite de Mars. Il perd, en effet, rapidement de sa puissance en s'éloignant du Soleil. Pour la lui redonner, il faudrait augmenter considérablement les dimensions du miroir, par conséquent le poids total de l'appareil et celui de la force motrice destinée à l'enlever ; de sorte que, pour les voyages au-delà de Mars, mieux vaudrait sans doute remplacer la masse du miroir par une masse égale de composition fusante.

Le moteur à chaleur solaire rendra possibles beaucoup de voyages d'exploration. Nous avons vu précédemment que l'on peut obtenir du véhicule-fusée, sans aller jusqu'à des dimensions impossibles, un total de vitesse de 22.700 mètres. Or, il faudrait :

1° *Pour un voyage d'exploration à Mercure* : 13.000 mètres de vitesse au départ, 2.000 mètres pour l'ascension du petit véhicule et sa satellisation après exploration, 7.000 mètres pour la désatellisation du grand véhicule ; au total, 22.000 mètres ;

2° *Pour un voyage semblable à Vénus* : 11.600 mètres de vitesse initiale, 2.500 à 3.000 mètres pour l'ascension du petit véhicule et sa satellisation après exploration, 4.600 mètres pour la désatellisation du grand véhicule ; au total, 18.700 à 19.200 mètres ;

3° *Pour un voyage d'exploration à Mars* : 11.700 mètres de vitesse initiale, 2.000 mètres pour l'ascension du petit véhicule et sa satellisation après exploration, 3.500 mètres pour la désatellisation du grand véhicule ; au total, 17.200 mètres ;

4o *Pour un voyage d'*OBSERVATION *à Jupiter* : 14.600 mètres de vitesse initiale, 16.000 mètres pour la satellisation à dix rayons de la surface et la désatellisation, 1.400 mètres pour divers ; au total, 32.000 mètres. Pour l'exploration de cette planète, il faudrait ajouter 5.000 mètres pour l'ascension du petit véhicule et 1.300 mètres pour sa resatellisation. Un voyage d'exploration à Jupiter demanderait donc l'énergie nécessaire pour donner au grand véhicule plus de trente-huit mille mètres de vitesse. On pourrait cependant économiser trois mille mètres environ de vitesse par l'artifice suivant : le grand véhicule, au départ, ne serait lancé qu'à une vitesse de 11.130 mètres, ce qui l'enverrait à deux cent mille lieues de la Terre ; arrivé là, le moteur à chaleur solaire serait mis en action et donnerait le complément de vitesse nécessaire pour envoyer le véhicule jusqu'à l'orbite de Jupiter. Avec cet artifice, la dépense d'énergie serait de 29.000 mètres pour un voyage d'observation et de 35.000 mètres pour un voyage d'exploration.

5° *Pour un voyage d'*OBSERVATION *à Saturne* : 15.500 mètres de vitesse initiale, 8.600 mètres pour la satellisation et la désatellisation du grand véhicule à dix rayons de distance de la planète, 1.500 mètres pour divers ; au total, 25.000 mètres, ou, en usant du même artifice que pour Jupiter, 20.500 mètres. Pour l'exploration il faudrait compter en plus 2.000 mètres pour l'ascension du petit véhicule et sa désatellisation.

On voit que, à part Jupiter, toutes les planètes pourraient être explorées en employant seulement les moyens *sûrs* que j'ai indiqués. Je ne parle pas des voyages à Uranus ou à Neptune, rendus impraticables non par ce qu'ils exigeraient de force motrice, mais par leur durée considérable.

Il est probable que, lorsque les voyages interplanétaires seront passés dans la pratique, l'expérience de ces voyages fera trouver des moyens sûrs d'explorer Jupiter, si bien entendu, l'état de sa surface permet cette exploration. En attendant, on pourra toujours explorer ses satellites.

Il me reste pour terminer ce chapitre, à indiquer ce que pourrait être l'appareil amortisseur.

Cet appareil pourrait se composer de quatre tiges d'acier passant dans de solides anneaux fixés aux quatre coins du véhicule (fig. 8). Les anneaux seraient articulés de manière à pouvoir facilement tourner en tous sens, et par conséquent à laisser les tiges prendre toujours, quelque soit la position du petit véhicule dans l'espace, leur direction naturelle, sous l'effort des forces de gravitation. Les tiges seraient réunies par quatre autres tiges articulées destinées à en maintenir le parallélisme. Enfin, elles seraient terminées chacune en pointe aiguë.

Dans chaque anneau se trouverait un burin mordant sur les tiges. Dès que celles-ci subiraient un choc, elles glisseraient dans leurs anneaux respectifs, malgré le burin qui leur enlèverait un copeau. Les burins pourraient être réglés à l'avance de manière à créer pour le choc prévu une résistance telle que la puissance vive du petit véhicule soit tout entière employée à rayer les tiges, et cela sur toute leur longueur.

Le fonctionnement de l'appareil se fera de la manière suivante :

1° Les quatre tiges, en vertu de leur poids, se dirigeront toujours suivant la verticale du lieu. Elles seront toujours rigoureusement parallèles, par suite de leur jonction entre elles. La première qui touchera le sol, étant terminée en pointe, s'y enfoncera plus ou moins et fixera l'appareil, à moins qu'elle tombe sur un sol très dur ; les autres en feront autant presque aussitôt, de sorte que le véhicule ne pourra se renverser sur le côté.

2° Les anneaux glisseront sur les tiges à frottement très dur, grâce aux burins, et le mordant de ceux-ci sera réglé de telle sorte que les anneaux arrivés au plus bas de leur course la vitesse du véhicule soit complètement annulée.

Dans le cas d'un abordage sur un sol très dur (roc) ou d'un sol à la fois dur et inégal, il pourrait évidemment y avoir renversement brutal du véhicule. Mais il y a peu de chances pour que cela arrive : 1° parce que le sol très dur, ou le sol dur et inégal (rochers), ne forment probablement sur les planètes, comme sur la Terre, qu'une infime partie de la surface ; 2° parce que, grâce à la satellisation, on peut choisir le terrain d'abordage. D'autre part, on peut remédier aux inconvénients possibles d'un renversement en munissant les côtés du petit véhicule d'appareils analogues, qui d'ailleurs pourraient être beaucoup plus légers.

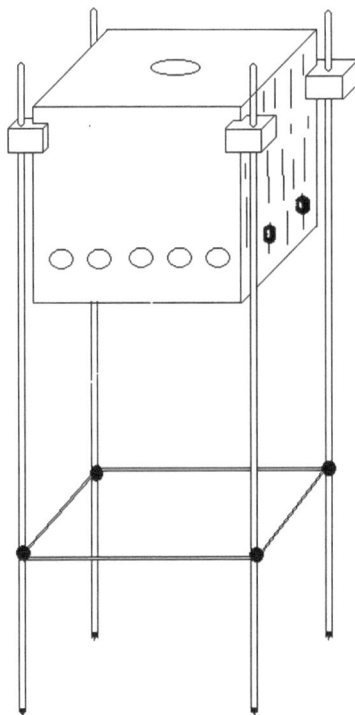

Fig. 8. — L'appareil amortisseur.

Il y a aussi des chances pour qu'on tombe dans un océan. Dans ce cas, l'appareil amortisseur ne sera pas d'un grand secours. Mais le liquide dans lequel on tombera constituera un amortisseur très suffisant, surtout si la vitesse a été, comme ce sera presque toujours le cas, très réduite par un trajet prolongé dans l'atmosphère. La seule précaution à prendre sera que l'ensemble du petit véhicule, y compris ses réservoirs de force motrice, soit plus léger que le liquide qu'il pourra déplacer.

CHAPITRE VIII

EXPLORATION DES PLANETES

SOMMAIRE. — Précautions préalables. — Considérations sur la toxicité *possible* des atmosphères planétaires. Emploi du scaphandre, de la bicyclette, de l'aéroplane, des armes, etc. — Exploration par satellisation. — Cas où la température de la planète serait trop élevée.

L'exploration et, par conséquent, l'abordage d'une planète ne devront être décidés qu'après une observation sérieuse à courte distance, portant : 1° sur les conditions probables d'habitabilité de la planète au point de vue humain ; 2° sur les dangers qu'on y pourrait courir par suite d'une trop grande activité atmosphérique, ou de la part d'animaux féroces ; 3° sur le moment opportun pour l'abordage et le choix d'un emplacement convenable.

Tout cela, je suppose, a été fait , et nous avons abordé. Que ferons-nous ensuite ?

L'atmosphère est-elle respirable ? La température au dehors est-elle supportable ? Voilà les deux premières questions à résoudre avant de sortir du petit véhicule, lequel sera naturellement hermétiquement fermé. On y parviendra facilement. Un thermomètre peut avoir été disposé, avant le départ, pour constater les températures extérieures, un manomètre pour indiquer les pressions ; enfin un récipient peut être mis en communication avec l'extérieur au moyen d'un robinet. Il peut ainsi se remplir de gaz, dont il sera facile de faire l'analyse.

Quand je dis : l'atmosphère est-elle respirable, je ne mets pas en doute la présence, dans cette atmosphère, de quantités même importantes d'oxygène ou d'azote ; car, toutes les planètes ayant manifestement la même origine, d'une part, et, d'autre part, ces corps étant les seuls ou à peu près qui restent gazeux aux températures planétaires, ils doivent être largement représentés partout. Mais ils peuvent être engagés dans des combinaisons. L'hydrogène, qui ne doit manquer nulle part non plus, peut dans une planète avoir saturé complètement l'oxygène ; dès lors on peut y trouver beaucoup d'eau, et peu ou point d'oxygène libre. Il peut aussi y avoir de l'air contenant une forte proportion de gaz carbonique, ou même d'oxyde de carbone et, évidemment, dans ces cas-là, l'atmosphère peut être respirable pour des êtres organisés convenablement, sans l'être pour des organismes humains. L'analyse spectrale indique bien si, dans une atmosphère, il y a de l'oxygène ou de l'azote. Elle ne nous fait pas connaître les proportions de ces gaz, ni sous quelle forme ils y sont.

J'estime d'ailleurs qu'en général les atmosphères des planètes ne doivent pas être respirables pour nous. Il y a nombre de chances, ou pour que la proportion d'oxygène libre soit trop réduite, ou pour qu'elle soit au contraire trop abondante, ou pour qu'il y ait trop de gaz carbonique, ou enfin pour que le tout soit mélangé d'autres gaz toxiques : chlore, gaz sulfureux, cyanogène, acide hypoazotique, etc. La pression, de plus, peut-être beaucoup trop faible, ou beaucoup trop forte. Je puis me tromper évidemment, mais il me semble bien que, celle de la Terre mise à part, les atmosphères respirables *pour nous* doivent être l'exception. Et même c'est une des raisons qui me font penser que la vie est impossible sur la majorité des planètes.

Cela, toutefois, n'empêchera pas l'exploration, si la température est supportable. Si l'atmosphère est reconnue respirable, rien de mieux : on ouvre la porte, on sort et on de met en quête. Si elle n'est pas respirable, ou s'il n'y a pas d'atmosphère sensible, on revêt un scaphandre approprié avec réservoir d'oxygène comprimé, on sort avec toutes les précautions nécessaires du véhicule, qui est d'ailleurs aménagé en prévision de cette éventualité, et on visite plus ou moins les alentours. Des bicyclettes pourraient être des instruments fort utiles, surtout sur les petites planètes, à pesanteur réduite, où elles permettraient de parcourir de grandes distances rapidement et sans fatigue. Probablement aussi il serait possible de construire un aéroplane avec des pièces préparées à l'avance. On peut bien porter sur le dos un réservoir de vingt litres contenant trois cent litres d'oxygène comprimé ; il y en a là pour douze heures. Point n'est besoin, d'ailleurs, d'une tête de cuivre, ni d'un vêtement complet. L'expiration peut se faire directement dans l'atmosphère, ou dans le vide, s'il n'y a pas d'atmosphère. Si la pression est minime, ou même nulle, le scaphandre devra recouvrir tout le corps. Mais il n'y a pas à craindre qu'il éclate sous la pression des gaz intérieurs. Cette pression ne dépassera jamais une atmosphère, sauf dans le réservoir, et il suffit que la résistance du vêtement soit largement calculée pour cela. Les enveloppes pneumatiques de nos vélos résistent facilement à une pression de trois atmosphères et ne sont pas très lourdes.

Si le véhicule est pourvu de roues et que le terrain s'y prête, il pourra se transporter facilement d'un lieu à un autre sans grandes dépenses d'énergie. Il pourrait aussi se déplacer par bonds, qui sur Vénus coûteraient mille mètres de vitesse chacun (mille mètres du petit véhicule, c'est-à-dire soixante mètres du grand), et l'enverraient à quarante kilomètres. Il pourrait aussi être disposé de manière à pouvoir facilement naviguer sur des océans ou des fleuves.

Si, maintenant, la température extérieure ne permettait pas de sortir, il n'y aurait plus qu'à s'élever et se satelliser au plus près jusqu'au moment convenable pour le départ.

CHAPITRE IX

VOYAGE A LA LUNE

SOMMAIRE. — Le point *neutre* ou de *nulle attraction*. — Erreur commise par Jules Verne dans son ouvrage « *De la Terre à la Lune* ». — Ce qu'il faudrait faire. — Les difficultés de l'abordage. — L'exploration. — Le retour.

Le voyage le plus facile et le moins coûteux sera certainement celui de la Terre à la Lune. Cependant il n'est pas aussi simple d'aller à la Lune qu'il le paraît au premier abord.

Il existe, entre la Lune et la Terre, un point où les attractions de ces deux astres se contrebalancent. Ce point se nomme le *point neutre* ou *point de nulle attraction*. Or la première idée qui se présente à l'esprit est qu'il suffit, pour aller à la Lune, de se donner une vitesse suffisante pour atteindre et même dépasser un peu ce point neutre, puis de se laisser aller à l'attraction lunaire.

Cela réussirait très bien si la Lune restait toujours à la même place par rapport au point de départ. Mais il faut tenir compte de son mouvement de révolution autour de la Terre, et cela change considérablement les choses.

Le point de nulle attraction est situé à environ 85.000 lieues de la surface de la Terre. La vitesse nécessaire pour l'atteindre, sans le dépasser sensiblement, est de 11.073 mètres au départ. Supposons donc que nous nous lançons vers ce point avec cette vitesse. Nous y arriverons en quatre cent mille secondes environ, ou près de cinq jours. Mais à ce moment la Lune en sera loin. Elle aura fait plus de cent mille lieues sur son orbite, et nous en serons presque aussi loin qu'au début du voyage. Son attraction sera à peu près nulle, en tout cas insuffisante pour contrebalancer celle de notre globe, et … nous retomberons sur la Terre.

Soit, dira-t-on. Ne peut-on pas partir de manière que la Lune soit sur la même ligne droite que la Terre et le véhicule au moment où nous arriverons au point neutre ?

On le peut. Mais le résultat ne serait guère changé. En effet, si nous arrivons au point neutre avec une vitesse presque nulle, l'attraction ne nous donnera, pendant la première heure, qu'une accélération de $1/10^è$ de millimètre par seconde au plus, et si l'excédent de vitesse de notre véhicule au point neutre est de dix mètres par secondes, nous ne parcourrons dans cette heure que 37 kilomètres, alors que pendant ce temps la Lune s'éloignera, en suivant son orbite, de 207 kilomètres (en réalité elle parcourra 3.000 kilomètres environ dans cette heure, mais, par suite de la différence des directions, elle ne s'éloignera que de 207 kilomètres). Donc, elle marchera trop vite pour que sa force d'attraction augmente, elle s'éloignera de plus en plus du véhicule et... nous retomberons encore sur la Terre.

Alors, étant donné qu'il faudrait deux jours théoriquement pour tomber sur la Lune, supposée immobile, ne pourrait-on arriver au point neutre deux jours avant que la Lune ne parvienne au point où elle serait en ligne droite avec la Terre et le véhicule ?

Le résultat sera encore équivalent. En effet, à notre arrivée au point neutre, la Terre, la Lune et le véhicule seraient dans les positions respectives indiquées par la figure 9. On voit dans cette figure que la Lune, au moment de notre arrivée au point neutre, s'en trouverait à cinquante mille lieues environ ; que son attraction serait presque nulle, et d'ailleurs nullement dirigée contre l'at-

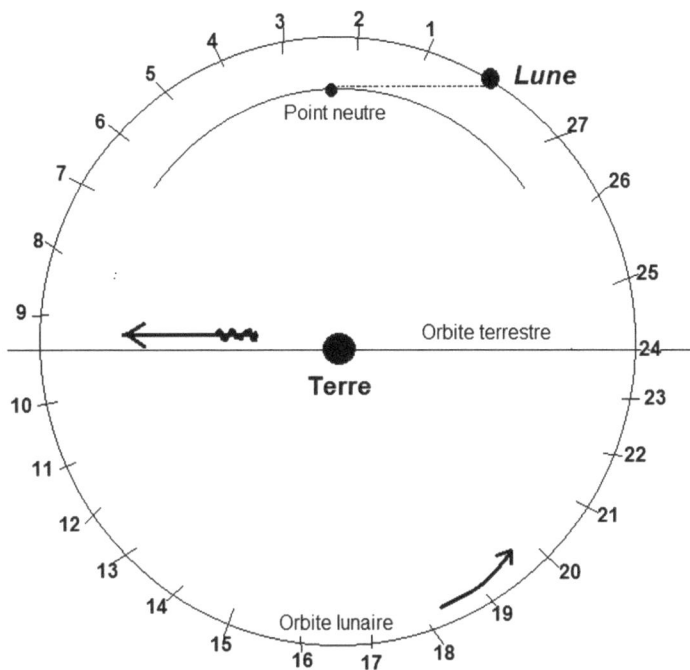

Fig. 9. — Positions respectives de la Terre, de la Lune et du
véhicule dans le troisième cas.

-traction terrestre ; que cette situation devra se prolonger plus d'un
jour ; que, en conséquence, le véhicule serait repris par
l'attraction de la Terre.

Et je ne tiens pas encore compte de la difficulté de régler la
vitesse au départ. Ce réglage, jamais juste, serait suffisant pour un
voyage aux planètes ; on peut, en effet, corriger la vitesse en cours
de route, surveiller les éphémérides, augmenter momentanément la
vitesse pour rattraper un retard, ou la diminuer pour corriger une
avance. On a des mois pour cela ! Mais pour un voyage à la Lune
une erreur de quelques mètres en plus se traduirait par une avance

de plusieurs heures, de sorte qu'il serait bien difficile, pour ne pas dire impossible, de lancer le véhicule de manière à ce qu'il arrive en un point donné, à peu près à une heure donnée.

Cela montre bien l'erreur qu'a popularisée Jules Verne dans son ouvrage « *De la Terre à la Lune* ». Sa description est plus brillante qu'exacte. Si le boulet de la « Columbiad » était parti réellement, et avec la vitesse qu'il lui suppose, quelle qu'ait été sa direction il n'aurait pu en aucun cas parvenir à la Lune, ni même à se satelliser autour d'elle. Il aurait fallu, pour qu'il y parvienne, qu'il soit lancé de manière à rencontrer la Lune par sa propre vitesse. Et cela même serait très dangereux.

L'ouvrage de Jules Verne, prestigieux romancier mais insuffisant astronome, contient aussi d'autres erreurs. C'est ainsi qu'après avoir fait tourner son boulet autour de la Lune, il le fait retomber sur la Terre. Or, même en admettant que le boulet de Jules Verne fût parti du point neutre avec une vitesse presque nulle, il serait arrivé à sa plus grande proximité de la Lune avec une vitesse de 2.600 mètres, hyperbolique par rapport à notre satellite, qui l'aurait renvoyé vers l'infini !

Pour aller à la Lune, cependant, plusieurs moyens s'offrent, lorsqu'on dispose, comme nous, d'un véhicule automoteur.

Le meilleur serait de se lancer un peu plus haut que le point neutre (à environ quatre rayons lunaires de l'orbite de la Lune), de manière à y arriver un peu avant que cet astre soit au-dessus du véhicule. Un excès de vitesse nous ferait arriver quelques heures plus tôt que le moment prévu. Mais cela n'aurait aucun inconvénient, car nous en serions quitte pour nous immobiliser en ce point jusqu'à l'arrivée de la Lune. A ce moment, nous nous lancerions parallèlement à son orbite, dans le même sens qu'elle, avec une vitesse moindre (presque nulle précisément en ce point particulier), calculée pour faire du véhicule un satellite rétrograde de la Lune, s'approchant d'elle à une petite distance. La première révolution nous fera connaître si nous en approchons suffisamment. En modifiant la vitesse, nous arriverons facilement à régler la satellisation de telle sorte que notre véhicule tourne autour de la Lune, en orbite circulaire, en rasant presque ses plus hautes montagnes (à sept kilomètres du fond des mers). Nous choisirons alors le terrain d'abordage (une plaine aussi élevée que possible). Au moment opportun, nous annulerons rapidement notre vitesse, et nous arriverons au sol lunaire avec une vitesse de moins de 120 mètres par seconde environ. Le choc sera rude, vu la quasi-absence d'atmosphère, mais il sera rendu supportable par l'appareil amortisseur et les boîtes à chute .

La vitesse initiale au départ de la Terre sera de 11.085 mètres environ. Cette vitesse ne pouvant être absolument exacte, il convient de la prévoir légèrement plus forte et de compter en plus une centaine de mètres pour ce supplément et pour l'annulation de la vitesse résiduelle à l'arrivée au point d'arrêt prévu. Là, il faudra se maintenir par une accélération contre-terrestre de quatre millimètres environ par seconde jusqu'à l'arrivée de la Lune au-dessus du véhicule. Il sera sage de prévoir que, en raison d'une trop grande vitesse initiale, nous serons arrivés trop tôt et que cette attente pourra durer une dizaine d'heures et coûter en conséquence de 150 à 200 mètres de vitesse. Si le véhicule est bien arrêté au point calculé, sa satellisation se fera naturellement, sans dépense de force motrice. Mais il est vraisemblable que l'exactitude ne sera pas absolue et qu'il faudra dépenser quelques dizaines de mètres de vitesse pour obtenir une satellisation convenable. Enfin, cette satellisation, pour être rendue circulaire à sept kilomètres de la surface de la Lune, demandera une dépense d'énergie équivalente à 200 mètres de vitesse, et l'annulation de la vitesse circulaire, 1.600 mètres environ. Total pour le voyage aller, 13.500 mètres au maximum.

Le retour sera beaucoup plus simple que l'aller. Il suffira de s'élever à une certaine hauteur au-dessus du point neutre (coût : 2.500 mètres de vitesse), de régler ensuite la satellisation qui se produira naturellement autour de la Terre de manière à ce que le véhicule pénètre dans les hautes couches de l'atmosphère terrestre, et n'en sorte pas (coût : 1.000 mètres de vitesse). Quelques révolutions, de moins de deux heures chacune, dans ces hautes couches réduiront progressivement la vitesse du véhicule et le rapprocheront peu à peu du sol, sur lequel nous atterrirons, sans aucune dépense nouvelle de force motrice, comme il a été dit au chapitre VII.

Coût du retour : 3.500 mètres de vitesse. Coût total du voyage : 17.000 mètres de vitesse au maximum. Comme sa durée ne dépassera pas deux mois, le poids total du véhicule proprement dit pourra être réduit à cinq tonnes, et celui de la composition fusante et de ses contenants, à deux cent cinquante tonnes.

Approximativement, on pourrait évaluer ainsi la dépense en argent :

Études et expériences préparatoires, 50.000 francs ; le véhicule et son mobilier, 5.000 francs ; 250.000 tonnes de cellulose nitrique ou de réservoirs en acier pour les contenir, à 2 francs le kilogramme, 500.000 francs ; trois mois de provisions pour trois voyageurs, 5.000 francs ; divers, imprévus, 45.000 francs. Total, 650.000 francs pour trois voyageurs, ou 220.000 francs par voyageur ; soit environ vingt-cinq centimes par kilomètre.

L'exploration pourra se faire comme il a été dit plus haut, au moyen de scaphandres et de bicyclettes. Sur la Lune, où l'intensité de la pesanteur est six fois moindre que sur la Terre, la bicyclette serait un instrument fort pratique. Elle ne pèserait pas deux kilogrammes, et un voyageur du poids de 80 kilogrammes, portant deux quintaux de provisions, plus tous les instruments qui pourraient être utiles, ne traînerait en réalité pas 60 kilogrammes, au lieu de cent qu'il en traînerait couramment sur la Terre. De plus, il n'aurait pas à vaincre la résistance de l'atmosphère. Le sol serait peut-être plus raboteux que celui de nos routes terrestres, mais les secousses qu'il occasionnerait seraient grandement atténuées par le moindre poids d'abord, par la moindre accélération gravitique ensuite. Dans ces conditions, avec une grande multiplication le voyageur ainsi chargé couvrirait facilement 300 kilomètres en dix heures, et comme il serait approvisionné pour un mois, il pourrait, s'il ne trouvait pas devant lui des obstacles sérieux, faire le tour de la Lune. Ce n'est pas que je veuille conseiller aux premiers explorateurs de la Lune d'en entreprendre le tour ; j'indique seulement ce qu'ils pourraient faire, j'essaie de donner une idée des distances qu'ils pourraient parcourir. Du reste, les obstacles seraient probablement très minimes. Vu la pesanteur réduite, l'escalade des plus gros blocs serait facile. On pourrait franchir d'un bond des fossés de dix mètres de large, et à bicyclette, à l'aide d'un plan incliné à 25°, des gouffres de 30 et même 50 mètres. On pourrait risquer des chutes dans des précipices profonds, soit sans aide, soit au moyen d'un amortisseur léger, analogue à celui du véhicule, composé d'une barre de bois et d'un petit plateau glisseur.

Il y aurait deux dangers à éviter : 1° le milieu du jour de 354 heures, où le sol deviendrait sans doute brûlant ; 2° la fin de la nuit de même durée, où la température descendrait certainement au-dessous de celle de nos pôles en plein hiver. On pourrait les éviter d'abord par un plan bien conçu d'exploration, qui permettrait, par des déplacements opportuns, de se trouver toujours dans les heures supportables, même agréables, de la journée. Avec les bicyclettes, on suivrait facilement le Soleil dans sa course apparente (13 kilomètres à l'heure environ). L'orientation serait d'ailleurs aisée, grâce au Soleil, toujours visible. On pourrait aussi établir des abris contre la grande chaleur ; mais je ne donne ce moyen que comme pis-aller, en cas de nécessité, car il immobiliserait les voyageurs pendant de longues heures. Il serait plus difficile d'établir, loin du véhicule, des abris contre le froid de la nuit. Aussi fera-t-on bien d'éviter celle-ci, qui serait d'ailleurs très nuisible à l'exploration, qu'elle ne ferait que retarder.

Dans la satellisation préalable, on passerait au-dessus de la face invisible de la Lune, sur laquelle on pourrait, si on le jugeait à propos, aborder. Nous arracherions ainsi ses secrets à cette face mystérieuse.

––––––––––

CHAPITRE X

LE VÉHICULE ET SON CONTENU

SOMMAIRE. — Sa forme. — Ses dispositions essentielles. — Les magasins fusants. — Le départ. — Aménagements en vue des phénomènes de nulle pesanteur. — Dispositif pour débarrasser le véhicule des « ordures ménagères ». — Dispositif d'entrée et de sortie. — Le contenu du véhicule : liste *provisoire* des objets à emporter.

Il n'est pas possible de dire, à l'heure actuelle, quelle sera la forme exacte du véhicule. Sera-t-il sphérique, ou cylindrique ? Affectera-t-il la forme d'un parallélépipède ? Cela dépendra évidemment des conditions motrices, que j'ai pu indiquer, mais que je ne pouvais pour le moment, vu leur variété, déterminer d'une manière précise.

Au reste, la forme importe peu. On trouvera toujours une forme. Ce qui importe, c'est bien plutôt la construction.

Il devra contenir au moins quatre chambres : chambre du moteur et cuisine, salon-bibliothèque, salle à manger, chambre à coucher.

Cette dernière devra être divisée en autant de cellules distinctes qu'il y aura de voyageurs. La vie commune serait intenable dans un voyage de plusieurs mois. Il faut que chacun puisse s'isoler. Il faut aussi pouvoir se donner du mouvement : par conséquent une galerie assez longue doit exister. Enfin il faut prévoir des water-closets et une pièce de débarras.

Toutes ces pièces seront éclairées par des hublots, fermés hermétiquement par des glaces épaisses et solides, et, de plus, doubles, de manière que si, par un accident quelconque, l'une d'elles se casse, l'autre puisse immédiatement la suppléer sans que l'air contenu dans le véhicule puisse s'échapper au dehors.

Les hublots, de forme circulaire ou rectangulaire, seront munis à l'extérieur de volets qui pourront être manœuvrés de l'intérieur, et qui serviront, soit à protéger les voyageurs contre un rayonnement trop intense, soit à préserver les glaces des chocs extérieurs. Ils seront percés de telle sorte que tous les points de l'espace puissent être visés à toute heure, soit de l'un, soit de l'autre.

L'ensemble du véhicule sera une caisse en tôle d'acier, montée sur une charpente d'acier. Je crois que l'acier est préférable. L'aluminium est plus léger, mais pour avoir la même solidité il le faudrait beaucoup plus épais, de sorte que son emploi ne ferait pas gagner sur le poids, bien au contraire ; il ne ferait pas non plus gagner sur la dépense, vu le prix élevé de l'aluminium. Mais je n'insiste pas sur cet inconvénient, en l'espèce très minime.

L'intérieur de la caisse devra être recouvert d'une seconde paroi, formée de planches de bois ajustées et facilement démontables, que les voyageurs pourront ôter ou remettre en tout ou partie, selon la température du dehors.

La paroi extérieure du véhicule pourra être polie sur un de ses côtés, pour diminuer le rayonnement, et dépolie et peinte en noir du côté qui doit recevoir les rayons solaires, pour augmenter l'absorption. La peinture et le dépolissage pourront d'ailleurs être faits par les voyageurs eux-mêmes, en cours de route, s'ils en sentent l'utilité.

Je crois qu'on pourrait employer pour cette enveloppe extérieure de la tôle d'acier de un millimètre d'épaisseur, pesant 7 ^{kg} 500 au mètre carré. Elle serait posée sur une charpente également en acier de 8 centimètres carrés de section et pesant environ 6 kilogrammes par mètre courant. Cette charpente serait disposée en croisé de telle sorte que, d'une manière générale, chaque mètre carré de paroi soit encadré par elle.

La paroi intérieure mobile devra être plus épaisse aux endroits exposés aux chocs.

Si, comme je le prévoyais au commencement de cet ouvrage, on donne au véhicule la forme cubique, il sera facile de lui adjoindre une couverture supplémentaire articulée qui, au départ et dans le cours du voyage, constituerait une protection supplémentaire, mais qui, à l'abordage de la Terre ou d'une autre planète pourvue d'une atmosphère, quintuplerait sa surface en se relevant automatiquement et ferait office de parachute. Des dispositifs spéciaux accroîtraient la résistance de cette ouverture

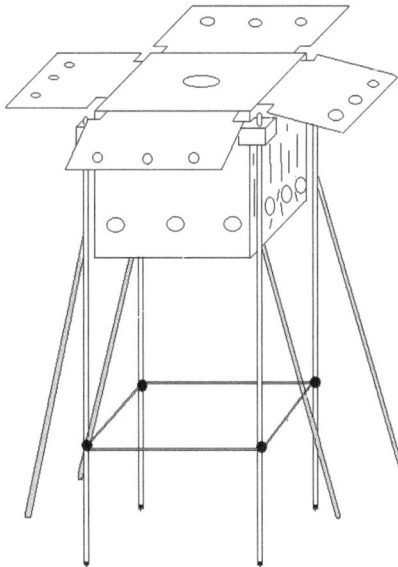

Fig. 10. — Le véhicule, parachute ouvert.

supplémentaire et empêcheraient que sous l'effort des gaz comprimés par la descente ces panneaux ne se déforment. La pression d'ailleurs ne risquerait de les déformer ou de les démolir qu'en cas de chute directe. Je crois qu'ils pourraient être faits, comme le reste du véhicule, en tôle d'acier renforcée par une charpente d'acier.

Bien entendu, s'il y a lieu de prévoir un véhicule plus petit pour les abordages, les matériaux nécessaires à sa construction seraient préparés à cet effet.

On pénétrera dans le véhicule par une porte qui pourra se fermer hermétiquement au moyen d'un levier. Du caoutchouc rendra la fermeture plus hermétique, et elle le sera lus encore si le caoutchouc est enduit d'un corps gras. Pour ne pas gêner, cette porte pourra être pratiquée dans un des coins du véhicule. Elle donnera accès dans un tambour aussi petit que possible, lequel communiquera avec le reste du véhicule par une autre porte pouvant se fermer hermétiquement. On pourra faire le vide dans ce tambour. De la sorte, l'entrée des voyageurs dans le véhicule ou leur sortie, pourront s'accomplir sans perte sensible d'air. Pour sortir, les voyageurs se placeront dans le tambour, pourvus de leurs appareils respiratoires. Ils en fermeront les portes, puis ils refouleront l'air du tambour dans le véhicule. Ils pourront ensuite ouvrir la porte extérieure et sortir. Il est inutile, je pense, de décrire l'opération contraire.

On disposera au-dessous du véhicule les réservoirs de composition fusante (fig. 11), Il y en aura plusieurs, simplement emboîtés les uns dans les autres, et chargés pour obtenir de chacun une vitesse donnée. De cette manière, lorsque l'un d'eux commencera son action, il n'aura pas à emporter ceux qui l'auront terminée. Il n'y aura lieu de fixer (et encore pas très solidement) que les réservoirs qui ne devront pas être utilisés pour le premier départ.

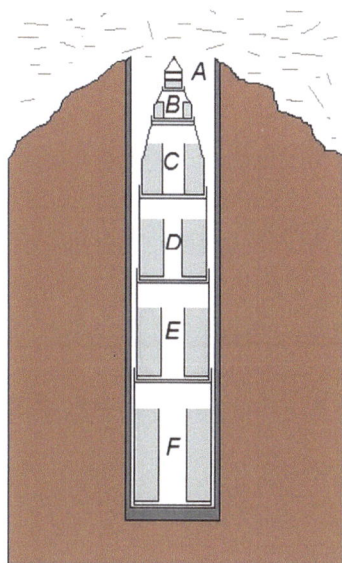

Fig. 11, — Les préparatifs du départ.

Je dis : et pas très solidement, parce que, d'une part, rien ne viendra les séparer du véhicule. Même non fixés ils l'accompagneraient, ayant la même vitesse que lui, et se trouvant soumis aux mêmes influences gravifiques. L'assujettissement n'est qu'une simple mesure de précaution. D'autre part, il faut que les voyageurs puissent se débarrasser facilement de ces magasins lorsqu'ils sont vides, car ils constituent un poids inutile, indifférent tant qu'on n'a pas à modifier la vitesse ou la direction, mais nuisible dans le cas contraire.

La figure 11 montre schématiquement comment on pourrait arranger les magasins avec le véhicule, et les dispositions qui pourraient être prises pour le départ.

A est le véhicule proprement dit, B, C, D, E, F, les réservoirs de composition fusante. L'ensemble affecte la forme générale d'un obus. Bien entendu, la contenance des réservoirs a été calculée pour qu'automatiquement la vitesse initiale soit réalisée et que les voyageurs n'aient plus, une fois partis, qu'à procéder aux corrections sans avoir l'embarras de réservoirs non complètement épuisés qui constitueraient plus tard un poids mort, ni la tâche probablement impossible d'arrêter au moment convenable la combustion d'une masse aussi considérable de matière.

Cette sorte d'obus, on le voit, se trouve installé dans un puits, aux parois lisses et dans lequel il peut s'élever sans frottement appréciable. Des galets, fixés sur les magasins, empêchent leurs parois de glisser, ce qui pourrait les détériorer, et remplacent le glissement par un roulement. Le puits, foré dans une haute montagne pour diminuer la résistance de l'air, a pour but : 1° de diriger le départ ; 2° de donner au premier dégagement de gaz une plus grande force ; on conçoit en effet qu'ainsi l'effet de la composition fusante, qui agit à la fois en haut et en bas, se trouve doublé pendant le trajet du fond du puits à son ouverture.

Une partie de la composition fusante sera emmagasinée dans le véhicule même. Il y aura un appareil dans lequel, suivant les besoins, les voyageurs brûleront de la composition fusante pour obtenir de petites accélérations. Un tuyautage, au moyen de robinets, permettra d'envoyer les gaz dans n'importe quelle direction par rapport au centre de gravité du système. Même, ce centre de gravité n'étant pas absolument fixe, puisque pendant le voyage le véhicule s'allégera successivement de ses magasins, il faudra que ce tuyautage soit établi de manière à pouvoir s'accommoder d'un centre de gravité quelconque.

Il n'y a pas à craindre de variations dans la direction de la pesanteur par rapport au véhicule ; au début et pendant plusieurs heures, il s'élèvera verticalement ; lorsque cette verticalité commencera à s'altérer sensiblement, l'appareil sera au moins à dix rayons de la Terre, à un endroit où son influence gravifique sera réduite à un centième, et où la déviation qu'elle pourra produire sera insignifiante et, de plus, décroîtra rapidement. Mais il se produira un phénomène sur lequel il faudra compter. Les objets placés dans le véhicule, et les voyageurs eux-mêmes, ne pèseront presque plus. Pour ce qui est des objets, le moindre choc les déplacera et causera leur chute. Chute peu dangereuse d'ailleurs ; à deux cent mille lieues de la Terre les corps ne graviteront vers elle que d'un demi-millimètre dans la première seconde, et si quelque chose tombe de trois mètres de haut, il n'arrivera au sol du véhicule qu'après 55 secondes, avec une vitesse finale de 55 millimètres par seconde. Rien donc ne risquera de se casser, mais cela ne laissera pas que d'être un peu gênant. Il faudra que les voyageurs s'habituent à la douceur dans leurs mouvements ! Plus loin de la Terre, le phénomène s'accentuera encore, et il viendra un moment où le moindre mouvement de leur part les enlèvera en l'air, jusqu'au plafond. Cependant l'inconvénient ne sera pas aussi grand qu'on pourrait se l'imaginer ; quelques fils de fer tendus seront des points d'appui suffisants pour leur permettre de réparer rapidement les faux mouvements, lesquels, d'ailleurs, n'auront jamais pour conséquence ni blessure ni contusion.

Peut-être le véhicule sera-t-il animé d'un mouvement de rotation sur lui-même. Si cela était, il importerait de le réduire dès le début le plus possible, car il pourrait fausser fortement les observations. Il ne sera pas difficile de disposer le moteur en prévision de cette éventualité. Il suffirait, si l'on se sert de nitro-cellulose, par exemple, de faire échapper les gaz par deux orifices dirigés en sens opposés, placés à égale distance du centre de gravité du véhicule, de manière à former un couple en sens contraire du mouvement de rotation.

La vitesse de rotation pourra toujours être estimée par l'observation du Soleil. Il faudra arriver à ce qu'elle ne dépasse pas un tour dans une année entière. Dans ces conditions, les observations ne seront pas faussées sensiblement. A 38 millions de lieues de distance, cette rotation déplacerait sur l'astre observé la lunette de 0" 4 environ par seconde, et il suffirait d'en tenir compte. L'erreur serait d'ailleurs moins grande si on opérait plus près.

Supposons que le véhicule, après le lancement, soit animé d'un mouvement de rotation de 1 tour par minute. Pour faire cesser ce mouvement, il nous suffira de disposer l'appareil et de le régler pour corriger le mouvement en temps donné, puis de le mettre en action, en surveillant cette action, qu'on arrêtera dès que l'effet attendu semblera être atteint. Si on a réglé l'appareil pour obtenir ce résultat en une heure, par exemple, comme on peut arrêter à une seconde près, la vitesse de rotation sera réduite à moins de 1/3.600^e de sa valeur primitive, C'est-à-dire à moins d'un tour en 60 heures. Si nous déterminons maintenant cette nouvelle vitesse, et que nous réglions le couple de manière à la détruire en une heure, nous ne ferons pas, sans doute, une erreur supérieure à 1/200e, et par conséquent la vitesse de rotation, après cette opération, ne dépassera pas un tour en douze mille heures ou cinq cents jours. Et ainsi on arriverait à ce degré d'exactitude en quelques heures. Et même on arriverait, sans doute, à une exactitude beaucoup plus grande, car il est probable que le mouvement de rotation initial du véhicule sera bien moindre qu'un tour par minute.

Autre chose. Une ouverture sera pratiquée dans le plancher du véhicule pour le débarrasser des détritus de toutes sortes qui, en s'accumulant, pourraient l'encombrer. Cette ouverture sera munie d'un tube court et large (de 30 centimètres de diamètre, par exemple) fermé hermétiquement par une soupape s'ouvrant à l'extérieur et pouvant, au moyen d'un mécanisme, être manœuvrée de l'intérieur. Un piston complétera le système. Pour se débarrasser des détritus on s'y prendra de la manière suivante :

1° On versera les détritus dans le tube ;

2° On les pressera avec le piston ;

3° On ouvrira complètement la soupape extérieure ;

4° Au moyen d'un levier, on pressera vivement le piston, et on projettera ainsi les détritus dans l'espace ; les détritus s'éloigneront ensuite du véhicule, peu à peu, par suite de la vitesse acquise ;

5° On refermera la soupape ;

6° On relèvera le piston.

De cette manière l'opération n'entraînera pas de perte d'air sensible.

Je donnerai maintenant ici une liste des objets nécessaires aux voyageurs. Cette liste ne sera peut-être pas très complète, mais elle pourra servir de base à l'établissement d'une liste plus complète, si quelqu'un, comme on peut s'y attendre, se décide à tenter un voyage. Ces objets seront :

1° Matelas de caoutchouc se gonflant, pour le couchage ;

2° Sièges, tables ;

3° Vivres, provisions, eau, chlorate de potasse, soude etc.; compositions chimiques pour absorber les ptomaïnes ;

4° Appareil à oxygène et cuve de dissolution ;

5° Papier, plumes, crayons, compas, etc. ;

6° Livres scientifiques et livres détaillés de médecine, pour les cas de maladie ;

7° Romans et livres de voyages, pour occuper le temps ;

8° Jeux d'échecs, de dames, de dominos (dans le même but) ;

9° Pharmacie de voyage ;

10° Outils pour réparations ;

11° Glaces de rechange pour les hublots ;

12° Provision d'air liquide pour remplacer les pertes ;

13° Objets de toilette ; vêtements et linge de rechange, miroirs, rasoirs, brosses, etc. ;

14° Batterie de cuisine appropriée, vaisselle, couverts ;

15° Balais, plumeaux, etc. ;

16° Réservoir d'hydrogène comprimé pour l'éclairage et le chauffage ;

17° Manchons radiants ;

18° Miroir pour concentrer la chaleur solaire ;

19° Chronomètres de précision, à ressorts ;

20° Instruments de physique : baromètres, thermomètres, hygromètres, manomètres (quelques-uns fixés au véhicule pour donner la température et la pression extérieures). Appareil pour analyser l'atmosphère sans sortir du véhicule ;

21° Pile électrique pour l'inflammation de la composition fusante ;

22° Fanaux-signaux rotatifs pour signaler le grand véhicule aux voyageurs qui ont abordé une planète et l'explorent ;

23° Instruments d'astronomie pour l'observation des astres et la mesure des angles ;

24° Appareils de photographie et plaques, papier préparé, etc. ;

25° Scaphandres appropriés ;

26° Bicyclettes, canot démontable ;

27° Instruments de gymnastique (pour exercice quotidien des muscles des voyageurs, c'est-à-dire basés, vu l'absence de pesanteur, sur des tractions de ressorts et un travail mécanique réel) ;

28° Tables à double entrée contenant toutes les indications nécessaires au voyage, dans tous les cas possibles ;

29° Armes diverses (pour le cas d'exploration ; on ne sait pas ce qu'on peut rencontrer) ;

30° Boîtes à chute et parachutes à frottement ;

31° Monnaie ;

32° Fanaux-signaux pour communiquer avec la Terre (seulement pour un voyage à la Lune).

Un mot sur les deux derniers articles. On s'étonnera peut-être que je songe à munir les voyageurs d'un métal qui certainement n'a pas cours sur les planètes. Aussi cette préoccupation ne vise point le voyage proprement dit : c'est au retour à la Terre, alors que, malgré le choix du terrain de chute, les voyageurs ne tomberont pas chez eux, qu'ils pourront avoir besoin de se munir de diverses choses qu'on ne leur donnerait peut-être pas pour rien ! Il y aurait, sans doute, des chances pour qu'ils fussent assistés en cas de besoin, mais ce sera plus certain et l'aide sera plus efficace s'ils sont munis d'espèces sonnantes et trébuchantes, chose d'ailleurs facile pour des hommes qui auront pu consacrer plusieurs centaines de mille francs à un voyage.

Pour le voyage à la Lune, j'estime que les voyageurs, arrivés à destination, pourront, sans attendre leur retour, communiquer avec la Terre au moyen de signaux lumineux, visibles de la terre avec les télescopes. Ceux-ci ramènent la Lune à seize lieues. Or, des signaux de feu sont visibles la nuit à plus de seize lieues, et ils n'auraient pas besoin, pour être visibles *à l'œil nu* à cette distance, d'avoir de grandes dimensions, si la grande épaisseur d'atmosphère qu'ont à traverser leurs rayons n'en atténuait considérablement l'éclat (voir note 10). C'est pourquoi je prévois des fanaux-signaux appropriés à ce but. Ils pourraient être très utiles pour renseigner sur les résultats donnés par une expédition qui, par suite d'un accident quelconque, ne pourrait revenir.

Je pourrais ajouter à la liste précédente quelques échantillons des productions terrestres, dont on pourrait faire présent aux habitants des planètes, si tant est qu'il en existe de capables de nous comprendre !

Que cela, d'ailleurs, ne soit pas pris pour une manifestation d'orgueil anthropocentrique. Je conçois parfaitement qu'il puisse exister sur d'autres astres des êtres aussi bien et même mieux organisés que nous, nous valant et même nous surpassant au point de vue de la pensée ; mais le contraire est possible aussi. Ce qui a fait l'homme terrestre, ce sont ses facultés naissantes, pour un peu ; mais c'est, surtout, le hasard de l'organisation qui lui a permis la station droite, laissant libres les membres antérieurs ; qui a pourvu ces membres de mains agiles, capables d'exécuter les travaux les plus délicats, et rendu son gosier flexible, lui permettant d'échanger des idées variées. C'est plus encore les conditions d'existence, dures sans être mortelles, que lui a faites la planète, et qui l'ont obligé à s'ingénier, à exercer son cerveau. La Terre, avec ses climats, ses saisons, son attraction intense, ses tempêtes, ses cataclysmes, etc., permet à l'homme de vivre ; des conditions sensiblement plus mauvaises, en dépassant ses facultés, l'auraient tué, ou empêché de se développer cérébralement, comme il arrive pour les peuplades des régions boréales. D'autre part, une nature facile, la nourriture à portée, aucun danger à craindre, la chaleur et la lumière toujours suffisantes, comme dans les pays chauds, ne sont pas non plus des circonstances favorables au développement d'une civilisation telle que notre civilisation européenne. Or, rien ne prouve que ces conditions trop dures ou trop douces pour l'avènement d'une humanité n'existent pas sur certaines planètes. Enfin, il n'y a encore astronomiquement pas bien longtemps que la Terre n'avait pas d'humanité et n'était peuplée que d'animaux à peu près incapables de progrès, et combien de planètes sont-elles, à l'heure actuelle, dans un état analogue à celui de la Terre aux premiers âges ? Que, dans l'ensemble de tous les systèmes stellaires, il y ait d'autres planètes analogues à la Terre, où des races supérieures ont pu dépasser notre civilisation, j'en suis convaincu ; mais vraiment je considérerais comme un hasard extraordinaire le fait de trouver une de ces races supérieures sur une des planètes de notre système. Jupiter doit être trop chaud pour être habitable. Mercure doit être brûlé par les feux du Soleil. Vénus a des saisons extrêmes qui m'inquiètent. Mars, peut-être, se trouverait dans les conditions requises ; mais, s'il est probable que cette planète soit habitée, rien ne prouve qu'elle contient des populations civilisées, ayant comme nous des organisations sociales compliquées, possédant une science aussi avancée que la nôtre et ayant dompté à un degré égal ou supérieur les forces naturelles : l'évolution vitale a pu, évidemment, suivre sur Mars un tout autre cours qu'ici. Ma foi ! Ce n'est qu'en y allant voir qu'on le saura.

CHAPITRE XI

CONCLUSION

SOMMAIRE. — Les moyens proposés sont *suffisants*. Ils sont d'ailleurs perfectibles. — Les dangers à courir ne sont pas au-dessus des forces humaines. — Les voyages *interstellaires*. — Ils sont *impossibles* dans l'état actuel de la science, *et le seront sans doute toujours.*

Ma tâche est terminée. J'ai analysé tous les moyens qui, dans l'état actuel de la science, peuvent nous permettre d'entreprendre des voyages interplanétaires. Nous utilisons pour cela, en même temps qu'une force auxiliaire artificielle, les forces naturelles de gravitation des astres, et la chaleur solaire. Pour conclure, est-il besoin d'ajouter que ces moyens sont certainement perfectibles ; qu'en procédant à des expériences que, faute de temps et d'argent, je n'ai pu faire moi-même, on en déduirait sûrement d'autres dispositifs plus efficaces. J'ai donc le droit, je crois, de dire que la question des voyages interplanétaires est, d'ores et déjà, virtuellement résolue, et qu'elle se réduit en somme à une question de gros sous.

J'ai montré en même temps que les dangers de ces voyages sont très minimes. Les chances de rencontrer des bolides sont à peu près les mêmes que sur la Terre, c'est-à-dire presque nulles ; les dangers que pourrait amener une trop grande ou une trop petite vitesse, ainsi que celui d'être entraînés trop loin ou de rester trop en-deçà du but demandent, pour être évités, bien moins d'attention qu'il n'en faut à l'automobiliste qui parcourt une route, au mécanicien qui conduit son train, au capitaine de navire qui dirige son vaisseau, à l'aéronaute qui se confie à l'atmosphère, à l'aviateur qui pilote son aéroplane.

Il y a, il est vrai, la poudrière que nous emportons. Mais si nos appareils sont bien construits, ce ne sera pas un très grand danger. Il y a d'autres poudrières sur la Terre, qui sautent rarement, et presque toujours par l'imprudence d'ouvriers ignorants ou insouciants. Mais, dira-t-on, c'est une poudrière allumée ! D'accord ; mais cette poudrière ne pourrait être dangereuse que si elle mettait le corps en morceaux, ou si, lancé en l'air, on retombait aussitôt sur la Terre, sans avoir le temps de se préparer à la chute ni les moyens de l'atténuer. Enfin, qui veut la fin, veut les moyens. Des dangers qu'avec un peu d'attention on peut éviter ne sont pas de véritables dangers, et ce n'est pas là ce qui arrêtera les hardis découvreurs de l'avenir.

La chute sur les planètes ? C'est là l'épouvantail, le danger qui paraît terrible, parce qu'on est habitué à l'idée que le danger d'une chute est proportionnel à sa hauteur. Mais j'ai montré que c'est là une idée fausse ; qu'une chute, même directe, ne peut pas dépasser une certaine vitesse, que la présence d'une atmosphère la réduit dans d'énormes proportions ; et j'ai indiqué les moyens d'atténuer largement le choc dû à ce reste de vitesse jusqu'à le rendre presque insensible.

Être la proie des habitants d'une planète ? Voilà un danger plus sérieux. Mais nous n'aborderons les planètes qu'à bon escient, après une observation sérieuse à courte distance. Et le danger couru serait-il, à tout prendre, plus grand que celui de l'explorateur qui, naguère, parcourait l'Afrique centrale, où il trouvait lions, éléphants, rhinocéros, serpents... et anthropophages ?

Maintenant, me dira-t-on, il n'y a pas seulement à résoudre la question des voyages interplanétaires, il faudrait aussi se préoccuper des voyages *interstellaires*. Ne pourra-t-on pas visiter ces soleils lointains, aux couleurs variées, à la lumière changeante ? Ces nébuleuses gazeuses, mondes en formation ? L'homme ne pourra-t-il pénétrer, *de visu*, les secrets de l'infini ?

Il m'en coûte de le dire : ces voyages sont impossibles dans l'état actuel de la science, et il semble bien qu'ils le seront toujours. Le système stellaire d'Alpha du Centaure, notre plus proche voisin, est déjà à une distance telle que sa lumière, à raison de trois cents millions de mètres par seconde, chemine trois ans pour nous parvenir. Sirius est à neuf années de lumière de nous, l'Étoile Polaire à vingt, Arcturus à trente-cinq, Canopus à quatre cents ! Et il ne s'agit là que d'étoiles de première grandeur, nos plus proches voisines ! Une condition indispensable pour un voyage est qu'il ne dure pas plus que la vie de ceux qui l'entreprennent. Si, à la rigueur, on conçoit qu'il puisse être envoyé dans l'espace, avec la vitesse nécessaire, un véhicule assez grand pour contenir plusieurs familles, ainsi que les animaux, la terre végétale et les plantes nécessaires pour assurer, par leur prolifération naturelle, *indéfiniment* leur subsistance, une sorte d'astre artificiel qui renfermerait un village entier avec ses logements, son outillage et les matières premières pour le renouveler après usure, plus quelques kilomètres carrés de champs, de jardins, de prés, de bois, on ne voit guère l'intérêt scientifique d'une telle expédition, qui très probablement ne reviendrait jamais. Je ne parle pas de la difficulté qu'il y aurait d'entretenir dans un tel microcosme une chaleur et la lumière suffisantes pendant les siècles que durerait la traversée d'un soleil à l'autre. Car je pense qu'on n'espère pas que l'homme arrivera un jour à dépasser la nature et réussira à lancer une pareille machine à des vitesses approchant de celle de la lumière ! Si on arrivait à réaliser mille ou quinze cents kilomètres par seconde, par l'utilisation au maximum possible de la chaleur solaire transformée en force motrice, ce serait certainement le plus qu'on pourrait obtenir, et il faudrait six siècles pour atteindre le système d'Alpha du Centaure, et autant pour revenir, — si toutefois les descendants des premiers voyageurs éprouvaient le désir de revenir informer leurs semblables de la Terre des péripéties du voyage, et s'ils n'avaient pas perdu de vue la route à suivre.

Je crois donc qu'il est superflu de se préoccuper de cette question. Les voyages interplanétaires d'ailleurs offriront aux hommes un champ suffisant de découvertes positives, au moyen desquelles ils pourront deviner, par l'induction, les secrets des systèmes plus éloignés.

Avis, par conséquent, aux chercheurs de l'avenir. C'est à eux que je dédie les explications qui précèdent

FIN
DE LA CONQUÊTE DE L'ESPACE

APPENDICE

A

LA CONQUÊTE DE L'ESPACE

APPENDICE

Résolution de quelques problèmes relatifs à la question traitée dans le présent ouvrage

----

I.   Soit O le centre de l'astre considéré (fig. 12), dont OA= R est le rayon. Supposons un mobile lancé horizontalement suivant AX. Si l'astre ne l'attirait pas, il suivrait indéfiniment la droite AX. Mais l'astre l'attire et en conséquence il tombe d'une certaine quantité qui, dans le cas de la vitesse circulaire, est telle qu'il ne s'éloigne pas de l'astre. De quelle quantité EC tombe-t-il pendant qu'il fait, par exemple, n mètres dans la direction AX ?

Remarquons que le triangle OAB est rectangle, ce qui nous donne :

$$AO = \sqrt{R^2 + n^2} \quad \text{et} \quad BC = \sqrt{R^2 + n^2} - R$$

Mais BC est l'espace parcouru e par le mobile tombant vers le centre O. Or nous savons que :

$$e = \frac{g\,t^2}{2}$$

t étant le temps de la chute, et g l'accélération. De là nous tirons :

$$t = \sqrt{\frac{2e}{g}}$$

Le temps de la chute, qui est aussi le temps du parcours de 1 mètre, est donc :

$$t = \sqrt{\frac{2\left(\sqrt{R^2 + n^2} - R\right)}{g}}$$

Mais la racine carrée de $\left(R^2 + 1\right)$ diminuée de R, est égale, si on suppose R^2 infiniment grand par rapport à n, à $\frac{1}{2R}$. La formule précédente peut donc s'écrire, après simplification :

$$t = \sqrt{\frac{1}{gR}}$$

La vitesse cherchée sera 1 mètre divisé par t, ce qui donne, après simplification :

$$V = \sqrt{gR}$$

Pour trouver la vitesse parabolique , il suffit de multiplier le chiffre trouvé pour la vitesse circulaire par la racine carrée de 2, ou 1,414214.

Exemple : supposons que nous voulions trouver la vitesse dont il faudrait animer un mobile placé hors de l'atmosphère terrestre, à 50 kilomètres au-dessus du niveau de la mer, pour qu'il tourne indéfiniment en cercle autour de la Terre.

Nous aurons R=6.416.000 mètres et, en vertu de la loi de Newton,

$$g = \frac{9.8088 \times 6.366{,}000^2}{6.416.000^2} = 9\,m\,657$$

Nous aurons donc :

et $\quad V = \sqrt{9.657 \times 6.416.000} = 7.871\,m\,425$

La vitesse parabolique sera :
7.871 m 425 $\times$ 1,414214 = 11.131 m 88

II, *Calcul de la vitesse nécessaire pour lancer un mobile autour d'un astre donné, de manière à lui faire parcourir une ellipse d'excentricité donnée.*

Soit XX' le grand axe de l'ellipse donnée, et F, F' ses deux foyers (fig. 12). Traçons l'ellipse et, avec F comme centre, décrivons un cercle ayant FX pour rayon. Ce cercle sera la trajectoire du mobile autour de l'astre placé en F, dans le cas où ledit mobile serait animé d'une vitesse circulaire.

Or nous savons que, dans toute ellipse, la somme des rayons vecteurs est constante et égale au grand axe. Prenons un point A sur l'ellipse, *très près* de X, et traçons les rayons vecteurs AF et AF'. Ces deux rayons vecteurs, vu la position du point A (considérablement plus près de X que ne peut l'indiquer la figure), se confondront très sensiblement dans leur trajet en dehors du cercle, de sorte que nous pourrons considérer comme très suffisamment exacte l'expression :

$$FB + F'B' + 2AB = XX'$$

d'où nous tirons :

$$AB = \frac{XX' - (FB + F'B)}{2} \quad (1)$$

Si nous prolongeons AB jusqu'à la tangente en X, AM sera la chute du mobile pendant sa course de X vers A. Or :

AM=MB-AB (2)

Avec le problème précédent nous avons vu comment il faut faire pour trouver MB. Pour résoudre celui-ci nous aurons donc surtout à calculer AB.

Pour cela, joignons BX, et abaissons du point B sur XX' la perpendiculaire BC. Faisons, pour simplifier, XX'=*a*, BC=*b*, FX et FB=R. Nous aurons d'ailleurs sensiblement XB=XA=XM. Désignons par *n* chacune de ces trois longueurs.

Nous chercherons d'abord la surface du triangle XFB en appliquant la formule :

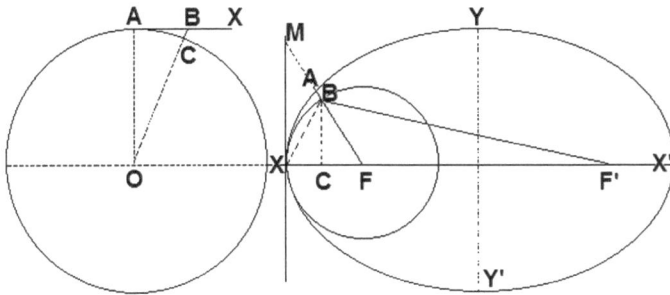

Fig . 12

$$S = \sqrt{p(p-a)(p-b)(p-c)}$$

p étant le demi-périmètre du triangle, et a, b, c, ses trois côtés. En remplaçant les lettres de cette formule par leurs équivalentes dans le cas qui nous occupe et en simplifiant, elle devient :

$$S = \frac{\sqrt{(4R^2 - n^2)n^2}}{4}$$

Mais de la surface du triangle nous pouvons tirer sa hauteur h, qui sera :

$$h = \frac{n\sqrt{4R^2 - n^2}}{2R}$$

Nous avons d'autre part $XC^2 = n^2 - h^2$. En remplaçant dans cette expression h par sa valeur, et en simplifiant, il vient :

$$XC = \frac{n^2}{2R}$$

XC connu, la valeur de CF' sera :

$$CF' = a - R - \frac{n^2}{2R}$$

Le triangle rectangle BCF' nous donnera :

$$BF'^2 = \frac{n^2(4R^2 - n^2)}{4R^2} + \left(a - R - \frac{n^2}{2R}\right)^2$$

En effectuant les produits et en simplifiant, il vient :

Transportant cette valeur dans l'égalité (1), nous aurons :

$$AB = \frac{a - \left(R + \sqrt{(a-R)^2 + n^2\left(2 - \frac{a}{R}\right)}\right)}{2}$$

Cette formule peut être simplifiée si, au lieu de calculer AB en fonction de R, nous le calculons en fonction de la distance aphélie D de l'orbite calculée. En effet, D=a-R. Remplaçant dans la formule de AB, a-R par sa valeur, elle devient :

$$AB = \frac{D - \sqrt{D^2 + n^2\left(1 - \frac{D}{R}\right)}}{2} \quad (3)$$

Nous allons voir maintenant qu'elle peut être encore considérablement simplifiée.

Remarquons que $\frac{D}{R}$ est plus grand que 1, et par conséquent que $\left(1 - \frac{D}{R}\right)$ est négatif. Donc la partie placée sous le radical peut s'écrire : $D^2 - n^2\left(\frac{D}{R} - 1\right)$. D'autre part, nous pouvons faire *n* aussi petit que nous voudrons, et même plus nous le ferons petit plus notre calcul sera juste. En le faisant égal à *une* lieue, ou un kilomètre, ou un mètre, le facteur *n*, étant égal à l'unité, disparaîtra, ce qui sera déjà beaucoup plus commode, et la partie de la formule placée sous le radical se réduira à :

$$D^2 - \left(\frac{D}{R} - 1\right)$$

Faisons $\frac{D}{R} - 1 = -2Dm + m^2$, nous aurons :

$$D^2 - \left(\frac{D}{R} - 1\right) = D^2 - 2Dm + m^2$$

Le second membre de cette égalité est un carré parfait, dont la racine carrée D-*m* remplacera avantageusement la partie placée sous le radical de la formule (3), qui, après simplification, deviendra :

$$AB = \frac{m}{2}$$

Remarquons maintenant que $\frac{D}{R} - 1$, ou $2Dm - m^2$, a une valeur très petite par rapport à D (quelques unités tout au plus, tandis que D se chiffre par dizaines et même par centaines de millions) : que *m* est par conséquent une fraction très petite de l'unité, et m^2 une fraction beaucoup plus petite encore et tout à fait négligeable (guère plus d'un quatrillionième d'unité, pour *n*=1 lieue). Nous pouvons donc admettre que, pratiquement :

$$\frac{D}{R} - 1 = 2Dm$$

et par conséquent $m = \dfrac{\frac{D}{R} - 1}{2D}$, Nous aurons donc :

$$AB = \frac{\frac{D}{R} - 1}{4D} \quad (4)$$

Il semble que cette simplification soit achetée au prix d'une *très* légère erreur. En effet, nous négligeons totalement le carré de *m*. Mais on pourra remarquer : 1° que le carré de *m* est extrêmement petit, et qu'on peut l'avoir aussi négligeable qu'on le voudra, en prenant *n* en conséquence ; 2° que, en tenant compte de ce carré, il y a dans le calcul un élément d'erreur que l'élimination du susdit carré tend visiblement à diminuer ; en effet, il est facile de voir que la fonction MA croît plus vite que le carré de *n*, au lieu de lui être proportionnelle, comme il le faudrait pour que le calcul fût exact pour toutes les valeurs de *n* ; même, pour *n* valant 1 quadrant, la valeur de MA deviendrait infinie, ce qui supprimerait toute possibilité de calcul de AB ; c'est précisément pour cela que nous avons posé en principe que *n* devait être pris très petit ; 3° que, en appliquant notre dernière formule, négligeant le carré de *m*, on trouve toujours le même résultat, quelle que soit la valeur de *n*, et que par conséquent c'est précisément le carré de *m* qui est l'élément d'erreur signalé ci-dessus. Notre formule est donc tout à fait exacte.

Revenons à la formule (4). On peut l'écrire de la manière suivante :

$$AB = \frac{2D - 2R}{8RD}$$

La longueur de chute sera :

$$L = \frac{1}{2R} - \frac{(2D - 2R)}{(8RD)} \quad \text{ou} \quad \frac{4D - 2D + 2R}{8RD} \quad \text{ou} \quad \frac{D + R}{4RD}$$

Le temps de chute sera la racine carrée de $\frac{D + R}{2RDg}$, et la vitesse V :

$$V = \sqrt{\frac{2RDg}{D + R}} \qquad (5)$$

(g, D et R en kilomètres si on veut avoir la vitesse en kilomètres, en mètres si on veut avoir la vitesse en mètres).

La formule (4) peut aussi s'écrire :

$$AB = \frac{1}{4R} - \frac{1}{4D}$$

On remarquera que le dernier terme du second membre devient d'autant plus petit à mesure que D grandit. A la limite, c'est-à-dire lorsque D est égal à l'infini (cas de vitesse parabolique), ce terme est nul, la formule (4) devient :

$$AB = \frac{1}{4R}$$

La longueur de chute sera $\frac{1}{2R} - \frac{1}{4R}$, ou également $\frac{1}{4R}$, le temps de chute :

$$t = \sqrt{\frac{1}{2Rg}}$$

et la vitesse : $V = \sqrt{2Rg}$ (6)

Dans le cas particulier ou D=R (vitesse circulaire), la formule (5) devient :

$$V = \sqrt{Rg} \quad (7)$$

c'est-à-dire ce que nous avons déjà trouvé par une autre méthode. Si nous divisons l'expression qui représente la vitesse parabolique (6) par celle qui représente la vitesse circulaire (7), nous trouvons que le rapport des deux vitesses est égal à la racine carrée de 2.

Pour trouver la vitesse à l'aphélie, nous la déduirons de la vitesse au périhélie suivant la deuxième loi de Kepler : *les aires décrites par les rayons vecteurs sont proportionnelles aux temps employés à les décrire*, loi qui pourrait aussi s'énoncer : *les vitesses successives d'un corps qui gravite autour d'un astre sont inversement proportionnelles aux distances qui leur correspondent*. De cette loi on peut tirer la formule :

$$V = \frac{V'D'}{D}$$

V étant la vitesse cherchée, D la distance correspondante, V' et D' la vitesse connue et sa distance correspondante.

La même formule nous donnera la vitesse pour les orbites intérieures à l'orbite terrestre.

Pour celles-ci, en effet, c'est la vitesse aphélie que nous cherchons. Nous pourrions l'obtenir en cherchant d'abord la vitesse périhélie par la formule, en prenant R égal à la distance périhélie de l'orbite que nous voulons composer, D égal à sa distance aphélie qui n'est autre que le rayon de l'orbite terrestre, et g correspondant à la distance périhélie. Mais si nous convenons d'appeler R le rayon de l'orbite terrestre, comme nous le faisions, en fait, pour les orbites extérieures, et, de même, si nous appelons D la distance à laquelle se trouve le Soleil, la région que notre mobile doit atteindre, la formule (7) deviendra :

$$V = \sqrt{\frac{2DR\gamma}{R+D}}$$

γ étant la nouvelle accélération solaire. Pour avoir la vitesse aphélie cherchée, il nous faudra multiplier cette expression par $\dfrac{D}{R}$. Elle deviendra alors :

$$V = \sqrt{\frac{2DR\gamma}{R+D}} \times \frac{D}{R}$$

ou, en faisant passer $\dfrac{D}{R}$ sous le radical :

$$V = \sqrt{\frac{2RD^2\gamma}{(R+D)R^2}}$$

Mais $\gamma = \dfrac{gR^2}{D^2}$. Transportant cette valeur dans la formule ci-dessus, elle devient :

$$V = \sqrt{\frac{2R^3D^3g}{(R+D)R^2D^2}} = \sqrt{\frac{2RDg}{R+D}}$$

EXEMPLE I : De quelle vitesse faudra-t-il animer un mobile pour le lancer tangentiellement à l'orbite terrestre, de manière à ce qu'il suive une ellipse tangente à l'orbite de Mars ? Les orbites de la Terre et de Mars sont supposées circulaires et situées dans le même plan. Rayons supposés exacts de ces orbites, 37.0625 et 56 millions de lieues. Calculer aussi la vitesse aphélie et la durée de la révolution.

Le grand axe a de l'ellipse aura une longueur de :

37 millions + 56 millions = 93 millions de lieues.

Il nous faut tout d'abord déterminer, dans l'hypothèse ci-dessus, la valeur de l'accélération gravifique solaire à la distance de l'orbite terrestre.

Pour cela, il nous faut considérer la Terre suivant une portion quelconque de sa course, 1 kilomètre par exemple. Puisqu'elle ne s'éloigne pas du Soleil, c'est qu'elle tombe vers lui d'une quantité BC (fig. 12) que nous pourrons calculer au moyen de la formule

$$BC = \sqrt{R^2 + n^2} - R \quad \text{(voir problème I)}$$

formule que l'on peut réduire, par un raisonnement analogue à celui ci-dessus, à la forme suivante :

$$BC = \frac{1}{2R}$$

En l'espèce, R vaut 37.062.500 lieues ou 148.250.000 kilomètres. Le calcul, sur cette donnée, indique pour la valeur de BC $0^{km}000000003372681$.

Calculons maintenant la distance que parcourt la Terre en une seconde. Elle effectue son parcourt annuel, soit 148.250.000 kilomètres $\times 2\pi$, ou 931.484.400 kilomètres en 31.556.900 secondes, ce qui fait $29^{km}517$ par seconde. Nous n'aurons plus qu'à multiplier le carré de ce nombre, soit 873.0704, par $0^{km}000000003372681$ et par 2 pour trouver l'accélération cherchée, ce qui est 0,0058771622.

Nous aurons maintenant :

1° *Vitesse périhélie* :

$$V = \sqrt{\frac{2 \times 148.250.000 \times 224.000.000 \times 0^{km}\,0000058771622}{148.250.000 + 224.000.000}} = 32^{km}\,382$$

2° *Vitesse aphélie* :

$$V' = \frac{32.382\,mètres \times 14.825}{56.000} = 22.009\,mètres$$

Nous déduirons la durée de la révolution de la troisième loi de Kepler : *les carrés des temps des révolutions sont proportionnels aux cubes des grands axes des orbites.* Elle sera donc égale à la racine carrée du rapport $\dfrac{t^2\,a^3}{a^3}$, *t* étant, si l'on veut, la durée de la révolution terrestre, *a* le grand axe de son orbite, et *a'* le grand axe de l'autre orbite. En l'espèce, nous trouvons que notre mobile mettrait 512 jours pour accomplir une révolution.

EXEMPLE II : de quelle vitesse faudra-t-il animer un mobile pour le lancer tangentiellement à l'orbite terrestre, de manière à ce qu'il suive une ellipse tangente à l'orbite de Vénus ? Les orbites de la Terre et de Vénus sont supposées circulaires, situées dans le même plan, et avoir des rayons respectivement égaux à 37 et 26 millions de lieues. Calculer aussi la durée de la révolution.

Nous aurons :

1° *Vitesse aphélie :*

$$V = \sqrt{\frac{2 \times 148.250.000 \times 104.000.000 \times 0^{km}\,58771622}{148.250.000 + 104.000.000}} = 26\,km.\,80385$$

2° *Vitesse périhélie :*

$$V = \frac{26.803\,mètres\,85 \times 148.250.000}{104.000.000} = 38.208\,mètres\,37$$

3° *Durée de la révolution :*

$$\frac{1\,an \times 148.250.000^3}{104.000.000^3} = 0\,an\,286\ jours.$$

III, Détermination de la vitesse qu'il faudrait imprimer à un mobile pour le lancer de manière à ce qu'il s'éloigne de la Terre à l'infini, et qu'il arrive à l'infini avec une vitesse nulle (l'influence des autres astres sur le mobile étant considérée comme négligeable).

Cette vitesse sera évidemment la même que celle d'un corps qui, parti de l'infini avec une vitesse nulle, arriverait à la Terre par l'influence de sa seule attraction.

Résolvons donc le problème comme s'il s'agissait de ce second cas, et, pour cela, partageons l'espace autour de la Terre en tranches concentriques nombreuses, et assez petites pour que, dans chacune, on puisse considérer l'accélération moyenne comme égale à celle de sa limite du côté de la Terre. Nous agrandirons d'ailleurs les tranches au fur et à mesure de l'éloignement de la Terre, de manière que les épaisseurs que nous aurons à considérer successivement forment une progression géométrique de raison $\frac{1}{r}$. Les accélérations des tranches formeront, elles aussi, une progression géométrique, mais dont la raison sera r^2 .

Pour la première tranche nous aurons, g étant l'accélération :

$v^2 = 2ge$ (voir les traités de mécanique).

Pour les autres tranches nous avons la formule :

$2\,e = 2v_0 t + g\,t^2$ qui devient, après transformations :

$g\,t'^2 + 2v_0 t' - 2\,e' = 0$

Cette dernière formule est une équation du second degré que l'on peut résoudre par rapport à t', ce qui nous donne :

$$t' = \frac{-v + \sqrt{v_0^2 + 2g'e'}}{g'}$$

Mais la vitesse acquise pendant le temps t' est égale à $g't'$, et par conséquent à l'expression précédente multipliée par g'. Nous aurons donc :

$$v' = -v_0 + \sqrt{v_0 + 2g'e'}$$

Pour avoir la vitesse totale acquise après la traversée des deux premières sections, nous n'aurons qu'à ajouter $v^\bullet$ à cette valeur. Si en même temps nous prenons garde que $v^\bullet = 2ge$, nous aurons pour cette vitesse totale :

$$v_0 + v' = \sqrt{2ge + 2g'e'}$$

Pour la troisième tranche, nous procéderons de même et nous trouverons que la vitesse totale acquise dans les trois tranches sera :

$$v_0 + v' + v'' = \sqrt{2ge + 2g'e' + 2g''e''}$$

Et ainsi de suite. Lorsque u tranches auront été traversées, la vitesse totale V sera égale à la racine carrée de :

$$2ge + 2g'e' + 2g''e'' \ldots + 2g_u e_u$$

Mais nous savons que g, g', g''... g$^\bullet$ forment une progression géométrique croissante de raison r^2, et que e, e', e'', ...$e^\bullet$ forment une progression géométrique décroissante de raison $\dfrac{1}{r}$; les produits $2ge$, $2g'e'$, etc., peuvent être considérés comme le résultat de la multiplication de ces deux progressions terme à terme, et forment par conséquent eux-mêmes une progression géométrique croissante de raison r. Le nombre des termes de cette progression étant infini, et le plus grand étant le dernier, leur somme sera :

$$\frac{2g_u e_u r - 0}{r - 1}$$

Or g$^\bullet$ est connu et a été déterminé à un dix-millième près, par des méthodes très sûres. C'est l'accélération à la surface de la Terre, et sa valeur est 9, 8088. D'autre part, R étant le rayon terrestre, e$^\bullet$

vaudra R(r-1). En remplaçant dans l'expression précédente e▪ par sa valeur, nous aurons, après simplification :

$$V^2 = 2g_u Rr$$

Plus nous ferons r petit, c'est-à-dire plus il se rapprochera de l'unité, plus le résultat trouvé sera juste. En effet, en prenant pour accélération moyenne de chaque tranche celle qui correspond à son bord inférieur, nous prenons un chiffre trop fort, mais qui différera d'autant moins du chiffre vrai que l'épaisseur des tranches sera plus réduite. Si nous faisons cette épaisseur infiniment petite, la valeur g sera absolument exactes, r sera exactement égal à l'unité, et nous aurons, en définitive, pour valeur exacte de V^2 :

$$V^2 = 2g_u R$$

En remplaçant les lettres par leurs valeurs numériques, nous aurons pour le carré de la vitesse cherchée :

$$2 \times 9.8088 \times 6.366.198^m 947... = 124.889.544,46$$

et, en extrayant la racine carrée, nous aurons :

$$V = 11.175^m 399$$

C'est précisément la vitesse parabolique correspondante à la surface de la Terre. Cette remarque va nous donner un moyen de trouver facilement toutes les vitesses paraboliques ou circulaires dont nous pourrons avoir besoin. En effet, il est évident que la formule précédente, tout entière algébrique, peut s'appliquer pour n'importe quel astre et à n'importe quelle distance de son centre.

Deux cas peuvent se présenter :

1° On veut trouver la vitesse parabolique à la *surface* de l'astre considéré. Dans ce cas il faut connaître le rayon de l'astre et l'accélération qu'il imprime aux corps qui gravitent vers lui (à la surface). Ces renseignements se trouvent dans les ouvrages d'astronomie. On multipliera l'une par l'autre ces deux valeurs, on doublera le résultat et on extraira la racine carrée. Si on connaît le diamètre D de l'astre ce sera plus simple encore ; on fera le produit gD et on extraira la racine carrée. Pour trouver la vitesse circulaire, il n'y a qu'à diviser la vitesse parabolique par la racine carrée de 2, ou, ce qui revient au même, à faire le produit gR et à en extraire la racine carrée.

2° On veut trouver la vitesse parabolique ou la vitesse circulaire à une certaine distance de la surface. Dans ce cas le nouveau rayon est connu, mais g n'est pas connu et il faut le déduire de sa valeur connue. On fera tout le calcul en appliquant les formules suivantes, dont on extraira la racine carrée :

$$\text{Vitesse parabolique :} \quad \frac{g\,D^2}{D_u} \quad ; \text{Vitesse circulaire :} \quad \frac{gR^2}{R_u}$$

Les formules précédentes donnent le moyen de calculer aussi la vitesse du mobile à un instant quelconque t. Cette vitesse, en effet, est égale à la vitesse parabolique correspondante à la hauteur atteinte à l'instant t.

IV.   Calcul de la vitesse qu'il faudrait imprimer à un mobile pour le lancer de manière à ce qu'il s'éloigne de la Terre indéfiniment, en conservant, lorsque pratiquement l'attraction terrestre ne se fait plus sentir, une vitesse donnée.

Nous avons vu que pour lancer un mobile tangentiellement à l'orbite terrestre, de manière à ce que sa trajectoire soit aussi tangente à l'orbite de Mars, il faudrait l'animer d'une vitesse de 32.382 mètres (plus exactement 32.281 m 93). Comme, en somme, il est déjà naturellement animé d'une vitesse de 29.517 mètres 61 par seconde (mouvement de la Terre auquel il participe), il suffit donc de lui ajouter un supplément de vitesse de :

$$32.381\,m.93 - 29.517\,m.61 = 2.864\,m.32$$

Mais en disant 2.864 m. 32 nous ne tenons pas compte de l'attraction terrestre, et, pour donner au mobile la trajectoire nécessaire, il faut qu'il soit lancé de telle sorte que, lorsque la Terre ne l'attirera plus sensiblement, il lui reste précisément cette vitesse de 2.864 m.32.

Il semble qu'il suffirait d'ajouter 2.864 m.32 à la vitesse parabolique que nous avons trouvée, soit 11.175 m.40, au total 14.039 m. 72. Mais la vitesse ainsi calculée serait trop grande, car une plus grande vitesse au départ a pour effet de diminuer l'action de l'attraction terrestre.

Reprenons nos tranches concentriques et cherchons le problème inverse, c'est-à-dire la vitesse qu'acquerrait un mobile qui serait parti de l'infini avec une vitesse initiale v.

La vitesse au bout de la traversée de la première tranche sera égale à la racine carrée de :

$$v^2 + 2ge$$

au bout de la traversée de la deuxième tranche, à la racine carrée de :

$$v^2 + 2ge + 2g'e'$$

et ainsi de suite.

Mais nous savons déjà que la somme des produits $2ge$... etc., est égale à $2g \cdot R$. La vitesse cherchée sera donc égale à la racine carrée de :

$$v^2 + 2g_u R$$

ou, V étant le produit $2g \cdot R$ (vitesse parabolique), à la racine carrée de :

$$v^2 + V^2$$

Pour l'exemple numérique que nous avons pris, elle sera égale à la racine carrée de :

$$4.049^2 + 2 \times 9{,}8088 \times 6.366.666.66...$$

ou, ce qui revient au même, à la racine carrée de :

$$4.049^2 + 11.175{,}40^2$$

ce qui fait 141.283.945, dont la racine carrée est 11.886,29 mètres par seconde.

V.   Calcular la vitesse qu'il faudrait donner à un mobile pour le lancer verticalement de manière à ce qu'il atteigne une hauteur donnée (en tenant compte de la décroissance de l'attraction terrestre).

Soit R le rayon de la Terre, et H la hauteur qu'il s'agit d'atteindre sans la dépasser. La vitesse cherchée sera la même que celle qu'acquerrait un corps tombant de la hauteur H.

Reprenons nos tranches concentriques, dont les épaisseurs successives forment une progression géométrique de raison $\dfrac{1}{r}$, et dont les accélérations correspondantes forment une autre progression géométrique de raison r^2▪ . Nous aurons, comme dans le problème III :

$$V^2 = 2ge + 2g'e' + 2g''e'' + ... + 2g_u e_u$$

égalité dont le second membre forme une progression géométrique de raison *r*. Mais cette progression ne part pas de zéro, comme dans le problème précité.Le plus grand terme est toujours $2g{\cdot}e{\cdot}$, mais le plus petit a une valeur importante : c'est le produit de l'épaisseur de la tranche située à la hauteur H par l'accélération gravifique correspondante. La somme V^2 sera (voir les traités de mathématiques) égale à :

$$V = \frac{2g_u e_u r - 2ger}{r-1} \quad (6)$$

Remarquons maintenant que :

$$g = g_u \frac{R^2}{(R+h)^2} \quad \text{et} \quad e = e_u \frac{R+h}{R}$$

Transportant ces valeurs dans l'expression (6), elle devient :

$$V^2 = \frac{2g_u e_u r - \left(\dfrac{2g{\cdot}e{\cdot}R^2}{(R+H)^2} \times \dfrac{e{\cdot}(R+H)}{R} \right)}{r-1}$$

ou en simplifiant :

149

$$V^2 = \frac{2g_u e_u r - \dfrac{2g \cdot e \cdot R}{R+H}}{r-1} = \frac{2g_u e_u r\left(1 - \dfrac{R}{R+H}\right)}{r-1} \quad (8)$$

Plus r sera petit, plus notre calcul sera juste. A la limite, il sera rigoureusement exact ; mais alors r sera égal à l'unité et par conséquent disparaîtra de la formule. D'autre part, à cette limite aussi $e \bullet$ vaudra $R(r-1)$. L'égalité (8) pourra s'écrire :

$$V^2 = \frac{2g_u R(r-1)\left(1 - \dfrac{R}{R+H}\right)}{r-1}$$

ou, en simplifiant :

$$V^2 = 2g_u R\left(\frac{H}{R+H}\right)$$

Il suffira d'extraire la racine carrée de cette dernière expression pour avoir la vitesse cherchée. (Si on opère sur des kilomètres, il faudra exprimer $g\bullet$ en kilomètres, c'est-à-dire lui donner la valeur 0,0098088).

Si maintenant nous remarquons que $2g\bullet R$ est précisément l'expression de la vitesse parabolique à la surface de la Terre, nous verrons que pour trouver la vitesse à imprimer à un mobile pour qu'il atteigne une hauteur donnée H, il suffit de multiplier cette vitesse parabolique, calculée une fois pour toutes, soit 11.175 m.40 par la racine carrée de $\left(\dfrac{H}{R+H}\right)$.

Pour trouver la vitesse à imprimer à un mobile pour le lancer de la surface d'un astre quelconque, de manière à ce qu'il atteigne une hauteur donnée au-dessus de la surface de l'astre, nous ferons de même, c'est-à-dire que nous calculerons d'abord la vitesse parabolique de l'astre, et nous la multiplierons par la racine carrée de l'expression ci-dessus.

EXEMPLE : quelle vitesse faudrait-il donner à un mobile pour que, lancé verticalement, il atteigne la hauteur du point de nulle attraction, situé entre la Lune et la Terre ? Distance entre la Terre et la Lune, 384.400 kilomètres. Rapport des masses terrestre et lunaire : 81,4.

Nous aurons :

a) Distance du point de nulle attraction :

$$H = 384.400 \left(1 - \frac{1}{\sqrt{81,4}+1}\right) = 345.969 \; Km.$$

Mais c'est là la distance du point de nulle attraction au centre de la Terre. Il faut donc déduire de ce chiffre le rayon terrestre, ce qui le réduit à 339.603 Km.

b) Vitesse cherchée :

$$V = \sqrt{2 \times 0,0098088 \times 6.366 \left(\frac{339.603}{6.366+339.603}\right)} = 1.^{km}072^{m}10$$

ou, plus simplement :

$$V = 11.175,4 \times \sqrt{\frac{339.603}{6.366+339.603}}$$

Problème inverse. — Trouver la hauteur H qu'atteindra un mobile lancé verticalement de la surface de la Terre avec une vitesse V (en tenant compte de la diminution de l'intensité de la pesanteur).

Appelons V, la vitesse parabolique. De la formule

$$V^2 = \frac{V_p^2 H}{R+H}$$, on peut tirer successivement :

$$\frac{R+H}{H} = \frac{V_p^2}{V^2} \quad \text{ou} \quad \frac{R}{H}+1 = \frac{V_p^2}{V^2}$$

De cette dernière égalité il vient :

$$H = R \left(\frac{V^2}{V_p^2 - V^2}\right)$$

VI.   Résultats donnés par les calculs précédents.

Vitesse circulaire à la surface de la Terre :	7.902 m. 49
Vitesse circulaire à la surface de Mercure :	3.502 m.
Vitesse circulaire à la surface de Vénus :	7.132 m.
Vitesse circulaire à la surface de Mars :	3.569 m.
Vitesse circulaire à la surface de Jupiter :	42.396 m.
Vitesse circulaire à la surface de Saturne :	25.489 m.
Vitesse circulaire à la surface d'Uranus :	15.233 m.
Vitesse circulaire à la surface de Neptune :	16.178 m.
Vitesse circulaire à la surface de la Lune :	1.673 m. 94
Vitesse parabolique à la surface de la Terre :	11.175 m. 81
Vitesse parabolique à la surface de Mercure :	4.953 m.
Vitesse parabolique à la surface de Vénus :	10.084 m.
Vitesse parabolique à la surface de Mars :	5.048 m.
Vitesse parabolique à la surface de Jupiter :	59.958 m.
Vitesse parabolique à la surface de Saturne :	36.048 m.
Vitesse parabolique à la surface d'Uranus :	21.543 m.
Vitesse parabolique à la surface de Neptune :	22.879 m.
Vitesse parabolique à la surface de la Lune	2.367 m. 32

Connaissant les vitesses circulaires, il est facile de calculer le temps que mettrait le mobile pour faire un tour. Le mobile à la surface de la Terre mettrait 5.064 secondes ou 1 heure 25 minutes.

Vitesses circulaire et parabolique à la surface du Soleil, 431.527 et 610.272 mètres.

Accélérations gravifiques à la surface des astres : Soleil, 260 m. 487 ; Mercure, 5 m. 1104 ; Vénus, 8 m. 4748 ; Terre, 9 m.

8088 ; Lune, 1 m. 608 ; Mars, 3 m. 7469 ; Jupiter, 25 m. 3165 ; Saturne, 10 m. 8289 ; Uranus, 8 m. 6612 ; Neptune, 9 m. 3478.

Sur le degré d'exactitude des calculs précédents. — Pour la Terre, le rayon est connu *exactement*, et g a été mesuré expérimentalement à moins d'un dix-millième près. L'erreur sur la vitesse ne peut pas dépasser 5 centimètres.

Pour le Soleil, les diverses déterminations de sa parallaxe ont donné pour résultat des chiffres variant de 8″80 à 8″91. En prenant la moyenne de ces évaluations, soit 8″86, l'incertitude reste d'environ 1/60e ; par conséquent nous ne connaissons la distance du Soleil qu'à deux cent mille lieues près, et son diamètre à deux mille lieues près. Dans ces conditions, l'erreur peut atteindre 2.060 mètres.

Pour les autres planètes, dont le diamètre n'est connu qu'à un centième près, et g à un millième, les erreurs peuvent atteindre deux millièmes environ du chiffre trouvé. Pour la Lune, beaucoup plus facile à mesurer, son diamètre est connu à moins de 1/7.000e, l'erreur ne dépasse certainement pas un dix-millième du chiffre trouvé, soit quelques centimètres.

Dans son Astronomie Populaire, M. Flammarion donne 8.000 mètres et 11.300 mètres pour les vitesses circulaire et parabolique à la surface de la Terre. Ces chiffres sont inexacts, et leur inexactitude provient de ce que leur auteur s'est contenté de les calculer grossièrement, ce qui suffisait pour le but qu'il se proposait.

VII. Autres résultats :

Vitesses nécessaires pour faire parcourir à un mobile une ellipse tangente à celle de la Terre et :

a) à celle de Mars : vitesse périhélie, 32.381 m. 93. Vitesse à donner en supplément à celle de la Terre, 2.864 m. 32. Vitesse de lancement, 11.537 m. 03. Vitesse aphélie, 2.009 m. 15. Durée de la révolution, un an et cent-quarante-huit jours.

b) à celle de Jupiter : vitesse périhélie, 38.218 m. 16. Vitesse à donner en supplément à celle de la Terre, 8.700 m. 55. Vitesse de lancement, 14.163 m. 21. Vitesse aphélie, 6.026 m. 15. Durée de la révolution, cinq ans et cent-cinquante-sept jours.

c) à celle de Saturne : vitesse périhélie, 28.522 m. 15. Vitesse à donner en supplément, 10.004 m. 54. Vitesse de lancement, 14.999 m. 65. Vitesse aphélie, 4.126 m. 16. Durée de la révolution, douze ans et soixante jours.

d) à celle d'Uranus : vitesse périhélie, 40.727 m. 26. Vitesse à donner en supplément, 11.269 , 65. Vitesse de lancement, 15.828 m. 92. Vitesse aphélie, 2.059 m. 98. Durée de la révolution, trente-trois ans et cent-soixante-dix-sept jours.

e) à celle de Neptune : vitesse périhélie, 41.244 m. 45. Vitesse à donner en supplément, 11.726 m. 84. Vitesse de lancement, 16. 199 m. 30. Vitesse aphélie, 1.377 m. 14. Durée de la révolution, soixante ans et trois-cent-dix-sept jours.

f) à celle de Vénus : vitesse aphélie, 26.803 m. 85. Vitesse à retrancher de celle de la terre, 2.713 m. 76. Vitesse de lancement, 11,500 m. 57. Vitesse périhélie, 28.368. m. 37. Durée de la révolution, deux cent quatre-vingt-six jours.

g) à celle de Mercure : vitesse aphélie, 22.406 m. 78. Vitesse à retrancher, 7.110 m. 83. Vitesse de lancement, 13.246 m. 23. Vitesse périhélie, 55.363 m. 41. Durée de la révolution, deux cent quatorze jours.

Vitesses nécessaires pour lancer verticalement un mobile :

A la hauteur d'un rayon terrestre, 7.902 m. 20 ; de deux rayons, 9.124 m. 67 ; de trois, 9.678 m. 17 ; de quatre, 9.995 m.

18 ; de cinq, 10.201 m. 68 ; de neuf, 10. 537 m. 53 ; de dix-neuf, 10.882 m. 43 ; de trente-neuf, 11.034 m. 82 ; du point de nulle attraction Terre-Lune, 11.072 m. 10 ; de l'orbite de la Lune (distance moyenne), 11.080 m. 91.

On voit que, à mesure que le but s'éloigne, la vitesse nécessaire augmente, mais qu'elle n'augmente rapidement que pour les hauteurs relativement minimes.

Sur le degré d'exactitude des chiffres précédents. — La distance de la Terre au Soleil n'est connue, je l'ai dit, qu'à un centième près, c'est-à-dire que l'erreur *peut* atteindre 370.000 lieues. Or, si nous effectuons les calculs d'orbites en supposant que le rayon de l'orbite terrestre soit moindre d'un centième, l'accélération solaire sera, elle aussi, diminuée d'un centième, et il en sera de même de la distance aphélie, puisque ces chiffres ont été calculés d'après la distance du Soleil. Le résultat serait, on peut s'en assurer, moindre aussi, d'un centième, ce qui, pour le cas de l'orbite tangente à celle de Mars, représenterait une erreur possible de 323 mètres pour la vitesse périhélie. L'erreur possible s'atténue beaucoup pour la vitesse de lancement, à cause du facteur 11.175 m. 4, qui, calculé sur des données exactes, est exact lui-même et d'ailleurs prépondérant. Dans le cas de l'orbite tangente à celle de Mars, la différence serait de 8 mètres seulement. On voit que les erreurs dans ces sortes de calculs, sans être grandes, ne laissent pas que d'être sensibles, et que si on veut en faire état pour l'obtention de résultats *pratiques*, il conviendra de les recalculer sur des données aussi précises que possible. Remarquons d'ailleurs que les chiffres ci-dessus ont été établis sur la distance moyenne de la Terre au Soleil, et sur l'hypothèse que l'orbite créée se développe dans le plan de l'écliptique. C'est dire que le problème aura autant de solutions différentes qu'il présentera de cas bien déterminés.

Les chiffres donnés par la résolution du problème V, qui ne sont basés que sur des données exactes, sont nécessairement exacts.

VIII. Chiffres destinés à faciliter la résolution des problèmes précédents.

Rayon terrestre, 6.366 Km. 198 m. 947 mm.

Diamètre de la Terre, 12.732 Km. 397 m. 894 mm.

Carré du rayon terrestre, 40.528.489 Km. 0328.

Carré du diamètre de la Terre, 162.113.956,1312 (Km.)

Rayon moyen de l'orbite terrestre, 148.250.000 Km.

Carré de ce rayon, 21.978.062.500 millions (Km.)

Cube de ce rayon, 3.258.247.765.625 trillions (Km.)

Cube du grand axe de l'orbite terrestre, 26.330.609.375 quadrillions (Km.)

Produit $2gR$ (carré de la vitesse parabolique terrestre), 124.889.544.4626 (m.)

Longueur de l'orbite terrestre, 931.484.400 Km.

Nombre de secondes dans l'année, 31.656.900.

Vitesse de la Terre sur son orbite, 29 km. 517 m. 61.

FIN DE LA CONQUÊTE DE L'ESPACE

———

NOTES

(1)   Il va sans dire que le plan et les chiffres ci-dessus ne sont là qu'à titre d'indication ; lorsqu'il s'agira d'un voyage effectif, on construira le véhicule d'une manière adéquate à ce voyage. Même, pour des voyages très courts, comme un voyage à la Lune, qui ne durerait qu'un mois, on pourrait réduire considérablement les dimensions et les poids ci-dessus.

(2)   Ces chiffres ont été calculés par moi, assez exactement pour que de nouvelles évaluations, faites en vue de voyages bien déterminés, ne puissent pas modifier mes conclusions générales. Il doit par conséquent être entendu que, le présent livre n'ayant pour objet que de démontrer la possibilité des voyages interplanétaires, de nouveaux calculs devront être faits, avec la plus grande précision possible, dans le cas de voyages effectifs, et à chaque voyage.

(3)   Cette objection m'a été faite par un officier d'artillerie, ancien élève de l'École polytechnique et de l'École supérieure de la Guerre, qui a reconnu d'ailleurs, après réflexion, qu'une fusée volante pourrait être lancée dans le vide aussi facilement que dans l'air.

(4)   Grand axe de l'orbite de deux ans, 120 millions de lieues environ ; de l'orbite de trois ans, 158 millions de lieues ; de l'orbite de quatre ans, 190 millions de lieues ; de l'orbite de cinq ans, 222 millions de lieues ; de l'orbite de six ans, 250 millions de lieues.

(5)   Grands axes de ces orbites, 398 et 750 millions de lieues.

(6)   Si le véhicule arrivait de la planète, venant de l'infini, sans vitesse initiale, il n'y tomberait pas et décrirait autour d'elle une parabole, qui le renverrait à l'infini (dans une autre direction). A plus forte raison n'y tombera-t-il pas puisqu'il peut être considéré comme venant de l'infini avec une vitesse initiale assez considérable.

(7)   Pour distinguer clairement quelque chose de fixe quand on est en mouvement, il faut que ce quelque chose soit situé à une distance égale à vingt fois au moins la vitesse dont on est animé.

(8)   L'exponentiation ou recherche de l'exposant consiste à rechercher combien de fois un nombre peut être divisé par un autre.

(9)   L'accélération de réunion serait d'un peu plus d'un millième de millimètre par seconde. En mille secondes ou dix-huit minutes, la distance serait réduite de un millième de millimètre multiplié par le carré de mille, ou de un mètre. En une heure, le rapprochement serait d'une dizaine de mètres.

(10)   Alpha du Centaure est de la grosseur de notre Soleil (à peu de chose près) et se trouve à 10 trillions de lieues de nous environ. C'est une étoile de première grandeur. Si nous supposons une étoile d'un diamètre 2, 3, … , n fois moindre, elle aura le même éclat si on réduit la distance 2, 3, … , n fois. Dès lors, un point lumineux ayant un diamètre un trillion de fois moindre qu'Alpha du Centaure (un peu plus d'un millimètre) brillera comme une étoile de première grandeur et sera visible à dix lieues. Si son diamètre atteint seulement 12 millimètres, il sera visible dans les mêmes conditions à cent lieues, et, avec un télescope, on pourra l'apercevoir de deux cent mille lieues. Des voyageurs arrivés sur la Lune pourraient donc facilement faire des signaux-lumineux visibles de la Terre, et on pourrait facilement leur répondre. Des communications lumineuses avec Mars seraient plus difficiles ; il faudrait, en effet, donner aux signaux lumineux un diamètre d'un mètre au moins.

(10 bis) Cet appoint de chaleur fourni par la gravitation, que la Terre perd par rayonnement en même temps que la chaleur qu'elle reçoit du Soleil, est probablement même plus important. En effet, la surface de la Terre, qui est à une température absolue 22 fois moindre que celle du Soleil, doit rayonner par unité de surface, suivant la loi de Stéfan, 22^4 ou 234.256 fois moins ; mais la Terre ayant un diamètre 108 fois moindre que celui du Soleil, elle a relativement 108 fois plus de surface de refroidissement. Le Soleil devant se refroidir normalement de 13° par an, si sa chaleur n'était pas entretenue, la Terre devrait donc se refroidir dans le même cas des 108/234.256^e de 13° par an ou de 6 millièmes de degré environ, ce qui, vu sa masse, représente une perte totale en chiffres ronds de 3 sextillions de calories, c'est-à-dire deux fois, toujours en chiffres ronds, ce qu'elle reçoit du Soleil. (Voir *L'Évolution des Mondes*, chapitre IX, Vitesse de refoidissement des astres.)

Dépôt légal 2ème trimestre 2017
Nielrow Éditions - Dijon

Michael M. Dediu

WARS +

Incompetence

= 600

LOST YEARS

Moving from war and incompetence-
imposed poverty, to **peace,
harmony and prosperity**

DERC Publishing House

Nashua, New Hampshire, U. S. A.

Published and printed in the
United States of America
On the Great Seal of the United States are included:
E Pluribus Unum (Out of many, one)
Annuit Coeptis (He has approved of the undertakings)
Novus Ordo Seclorum (New order of the ages)

Library of Congress Control Number: 2021913152
Dediu, Michael M.

WARS + Incompetence = 600 LOST YEARS
Moving from war and incompetence imposed poverty, to peace,
harmony and prosperity

ISBN-13: 978-1-950999-41-5

MSG0699727_k6BFRy6AvGTnJtuyDdZl
1-10649940071
1-4W4P6DU
26SM2GDJ